ANÁLISE E MODELAGEM ESTATÍSTICA PARA INICIANTES

Aplicações em R

Arnaldo Rabello de Aguiar Vallim Filho

Análise e Modelagem Estatística para Iniciantes

Aplicações em R

Editora Livraria da Física
São Paulo — 2024

1a. Edição

Editor: Victor Pereira Marinho e José Roberto Marinho
Projeto gráfico e diagramação: Thiago Augusto Silva Dourado
Capa: Fabrício Ribeiro

Texto em conformidade com as novas regras ortográficas do Acordo da Língua Portuguesa.

Dados Internacionais de Catalogação na Publicação (CIP)

(Câmara Brasileira do Livro, SP, Brasil)

Vallim Filho, Arnaldo Rabello de Aguiar

Análise e modelagem estatística para iniciantes : aplicações em R / Arnaldo Rabello de Aguiar Vallim Filho. -- São Paulo : LF Editorial, 2024.

Bibliografia.

ISBN 978-65-5563-433-4

1. Estatística - Estudo e ensino 2. Modelagem matemática 3. Regressão - Análise I. Título.

24-196793 CDD-519.507

Índices para catálogo sistemático:

1. Estatística : Estudo e ensino 519.507

Eliane de Freitas Leite – Bibliotecária – CRB 8/8415

Impresso no Brasil

Printed in Brazil

www.lfeditorial.com.br
Visite nossa livraria no Instituto de Física da USP
www.livrariadafisica.com.br
Telefones:
(11) 39363413 - Editora
(11) 26486666 - Livraria

PREFÁCIO

Este é um livro que poderia ser caracterizado como um texto de "Análise Estatística para Não Estatísticos" ou para "iniciantes" em Estatística. Preferimos adotar o termo iniciantes, pois caracteriza mais um texto introdutório, que é o que se propõe o livro.

É relativamente comum em universidades americanas e mesmo brasileiras, um tipo de disciplinas em que estudantes de diversas áreas cursam disciplinas de estatística voltadas para análises de dados, em que se trabalha com dados ligados às áreas daqueles estudantes. Isto está ocorrendo muito no Brasil com profissionais e estudantes de Ciência de Dados, por exemplo, uma área em pleno crescimento e que tem forte relação com a Estatística.

O livro assim, não se aprofunda muito em conceitos, mas, procura dar uma visão geral dos tópicos principais de Inferência Estatística, envolvendo análise e modelagem estatística, e mostrando, principalmente, como aplicar esses conceitos. Para isso, apresenta vários exemplos, sendo muitos deles com o uso da ferramenta R, que é bastante utilizada em Ciência de Dados e em outras áreas.

O livro pode ser empregado como básica para cursos de graduação em áreas de exatas ou mesmo humanas ou coo bibliografia complementar. E poderia também ser utilizado em MBAs em que haja disciplinas de Estatística, e cujo foco seja uma visão geral da análise estatística.

GLOSSÁRIO

Alisamento Exponencial: processo de suavização de uma série temporal baseado em médias ponderadas

Amostra:

ANOVA: tabela de Análise de Variância

ARIMA; modelo estocástico de previsão de séries temporais

Atributos:

Dados Brutos:

Desvio Padrão: medida das variações dos dados (raiz quadrada da Variância)

Distribuição Normal: distribuição de probabilidades usada em inferências

Distribuição Normal Padronizada: Normal com média 0 e desvio padrão 1

Distribuição Amostral: distribuição de probabilidades de amostras

Exemplares:

Fenômenos Aleatórios:

GLM - *generalized linear models*: modelo linear generalizado

Holt-Winter: modelo de previsão de séries temporais

Inferência: processo de inferir sobre populações

Instâncias:

Intervalo de Confiança: faixa de variação para uma estimativa de um parâmetro

Média: medida de tendência central de uma variável

Média Móvel: processo de suavização de uma série temporal baseado em médias

Observações:

Parâmetro: característica de uma população

População:

Regressão: técnica modelagem da relação de uma variável com um conjunto de outras

SARIMA: modelo estocástico de previsão de séries temporais com sazonalidade

Série de Tempo: vide Série Temporal

Série Temporal: sequência de valores observados de uma variável, espaçados por iguais intervalos de tempo;

Suavização: processo de suavizar uma série temporal

Variáveis:

Variância: medida das variações das observações de uma variável

SUMÁRIO

1

BASES DA ESTATÍSTICA

A Estatística surge da necessidade de se trabalhar com Dados, e seu papel cresce em importância à medida que o volume de dados também cresce. Quando se tem poucos dados, tudo fica mais fácil. Uma empresa com 5 funcionários não irá necessitar de um grande software para preparar a folha de pagamento da equipe. Entretanto em outra empresa com 5.000 funcionários tudo muda de figura. O mesmo ocorre quando se deseja obter informações relevantes sobre um conjunto de dados. Para um pequeno volume pode ser muito fácil, mas quando se tem uma grande massa de dados, tudo se complica, e é aí, que a Estatística mostra a sua importância.

Além do volume de dados há outra questão básica que faz da Estatística uma ciência fundamental, que é o fato de que na maioria dos casos os dados estão associados aos chamados "fenômenos aleatórios". E isto se dá quando se verifica que há variação nos dados. O volume de vendas de uma empresa, por exemplo, não é o mesmo todos os dias ou todos os meses. A cada dia vê-se que há variação nesse volume de vendas.

Quando isto ocorre, tem-se um fenômeno aleatório. E sempre que isto ocorre tem-se uma dificuldade para a tomada de decisão, como a montagem de algum tipo de planejamento, pois não se sabe exatamente o que poderá ocorrer. Há incerteza sobre o processo. E quanto maior a incerteza, maior a dificuldade para se decidir.

Quando não há variação, tudo fica mais fácil.

Tem-se, portanto, dois aspectos chave que levam a uma necessidade do uso de técnicas estatísticas:

- Volume de Dados e
- Variações dos Dados.

Falando-se um pouco mais sobre os fenômenos aleatórios, pode-se dizer que há uma infinidade de fenômenos e processos que apresentam comportamento aleatório.

Os Fenômenos Aleatórios também são chamados de Experimentos e correspondem a *qualquer atividade ou processo sujeito a incertezas (Devore, 2012).* Apresentam variações em seus resultados, **mesmo quando executados sob as mesmas condições.**

Note que o termo Experimento pode gerar alguma confusão, pois, geralmente, sugere testes ou experiências em laboratório, ou algo parecido, mas em probabilidades o sentido da palavra é mais amplo, correspondendo a um fenômeno aleatório.

O **espaço amostral** corresponde a **todos** os possíveis resultados de um Experimento, e um **evento** corresponde a **um** ou **mais** dos possíveis resultados do Experimento.

E há dois pontos chave que caracterizam esse tipo de fenômeno (figura 1.1):

- as ocorrências do fenômeno acontecem ao acaso e
- as ocorrências são independentes entre si.

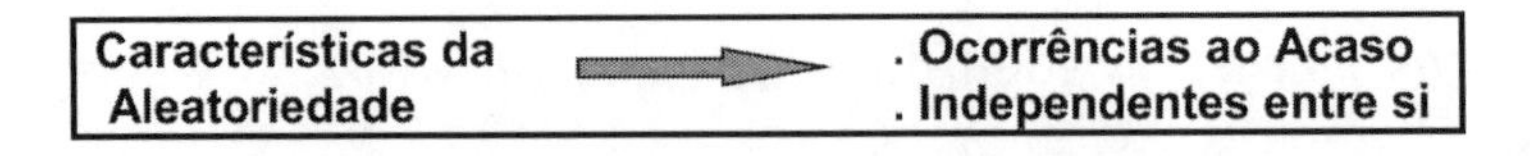

Figura 1.1 — Características dos Fenômenos Aleatórios.

Assim, por exemplo, não se sabe quanto tempo irá durar uma ligação para uma Central de Atendimento (*duração ocorre ao acaso*) e a duração de uma dada chamada não tem relação com as anteriores ou posteriores (*são independentes entre si*). Este é um exemplo típico de fenômeno aleatório.

Mas, além deste exemplo, tem-se muitos outros exemplos de fenômenos com esse comportamento aleatório, tais como:

- Acidentes de Trânsito;
- Defeitos ou Quebras de Veículos/Equipamentos;
- Consumo de Material em Estoque;
- Demanda de um Produto;
- Tempo de duração de uma Tarefa;
- Ausência de Funcionários;
- Número de Acessos a um site;
- Chamadas a uma Central de Atendimento;
- Tempo de Duração de uma Conexão;
- etc.

A grande questão é como então tomar decisões quando o comportamento é incerto? E é aí, que entra a Estatística, como ferramenta fundamental de apoio, como será visto no decorrer do texto.

Em relação à questão do "volume de dados", sabe-se que quando esse volume é grande tem-se dificuldade para se ter uma visão do que efetivamente está ocorrendo com os dados. Há dificuldade para visualização do comportamento daqueles dados.

Imagine, por exemplo, uma loja virtual com milhares de clientes, ou até mesmo com milhões de clientes. Como determinar os produtos que a loja deve oferecer aos seus clientes? Imagine se se tivesse que desenvolver uma análise individual de cada cliente. Pense no tempo que isso poderia consumir. E além disso, não se teria com facilidade uma visão de conjunto do problema.

É evidente, que seria preciso trabalhar o conjunto de dados de forma a se desenvolver resumos e agrupamentos para que se possa ter uma visão global do que está ocorrendo. E é aí, que novamente entra a Estatística para nos ajudar.

Por meio da Estatística, poderão ser identificados grupos de comportamento e tendências que possibilitarão à loja tomar suas decisões. A partir dessas análises, será possível inclusive, identificar o grupo e a tendência mais adequados a cada cliente e com isso, desenvolver ofertas até mesmo, individuais para cada um, o que em um primeiro momento parecia uma tarefa quase impossível.

Na tomada de decisões a informação é fundamental para responder a algumas perguntas básicas, que podem ser respondidas através da análise e modelagem estatística.

Alguns tipos básicos de questões, que podem ser respondidas pela Estatística, podem ser exemplificados para o caso de uma loja virtual:

a) pensando-se no comportamento das vendas:

- Qual é o volume médio de compras por cliente?
- Quantos clientes efetuaram compras?

b) pensando-se em novos clientes de novas regiões, por exemplo:

- Qual é a rentabilidade média dos novos clientes?
- Os novos clientes deverão ser mais rentáveis que os antigos?

Para responder a essas e outras questões há todo um conjunto de técnicas e ferramentas estatísticas, que serão estudadas neste texto. A Estatística tem instrumentos que facilitam o manuseio e análise de conjuntos de dados com grande volume e/ou variação. São ferramentas que permitem identificar comportamentos, como, tendências e sazonalidades, fazer previsões ou identificar anomalias, como o caso de valores destoantes dos demais. Com isso, consegue-se descobrir fatos que estão por trás daquela massa de dados que não nos permite visualizar com facilidade determinados comportamentos.

E muitas vezes, pode-se adaptar nossas decisões a esses comportamentos e até mesmo, tomar decisões que permitam corrigir comportamentos indesejáveis, como, por exemplo, direcionar soluções para minimizar variações nos dados.

Nas próximas seções e capítulos serão estudados todos os principais instrumentos estatísticos que dão apoio à tomada de decisão.

1.1 Fundamentos Estatísticos

Esta seção apresenta alguns conceitos estatísticos básicos, que são fundamentais para se uniformizar a linguagem com outros textos estatísticos e ao longo deste próprio texto.

E um primeiro ponto chave é conceituar a Estatística, que pode ser definida como sendo um conjunto de **procedimentos científicos** voltados para **coleta, análise, modelagem e interpretação de dados**.

1.1.1 Dados Brutos

Inicialmente é importante introduzir o conceito de Dados Brutos que é um termo muito utilizado em toda sorte de texto envolvendo análise de dados.

Representam assim, as informações em seu estado natural, ou seu estado bruto.

São aqueles valores que foram observados no fenômeno ou experimento em estudo.

São obtidos por algum processo de coleta, que pode ter sido manual ou automático. Na maior parte dos casos, os dados brutos são submetidos a algum tipo de tratamento, antes de serem utilizados em uma análise estatística.

Note-se que para que a Estatística possa ser útil desenvolvendo análises, que poderão apoiar decisões futuras, as informações associadas a algum fenômeno ou experimento devem estar na forma de números, e são esses números que se constituem naquilo que se costuma chamar de **Dados.**

E como já mencionado na introdução deste capítulo, a principal característica desses dados é a variabilidade. Estes Dados apresentados em seu estado bruto, sem uma organização definida, são denominados de **Dados Brutos**.

Os dados brutos são assim chamados, portanto, porque representam a base de informações na sua forma original, sem nenhuma alteração em relação à forma em que foram gerados ou coletados.

1.1.2 Variáveis

Outro conceito importante e fundamental para tudo que se faz em Estatística é a ideia de Variável Aleatória.

Uma Variável Aleatória é um conceito que vem da Teoria de Probabilidades e corresponde, na verdade, a uma **função matemática**, que associa um número real, X(s), um valor, a cada elemento de um espaço amostral, de um dado fenômeno aleatório. Então, para cada elemento do espaço amostral do fenômeno, tem-se um valor numérico correspondente.

A questão é que a "função" que gera esses valores numéricos é, em geral, desconhecida, e o que se vê são apenas os resultados, os valores gerados pela função. Assim, na prática, o que chamamos de variável aleatória são os resultados gerados por aquela função desconhecida. E como não se vê a função, e apenas os valores gerados por ela, consolidou-se na literatura o termo variável aleatória, pois tudo se passa como tivéssemos apenas variáveis, realmente.

Na prática, as Variáveis Aleatórias são chamadas simplesmente de Variáveis, e do ponto de vista prático, representam determinadas características ou fatores de um dado fenômeno ou experimento em que se tenha interesse. E essas características ou fatores estão sujeitos a variações. Assim, em termos práticos pode-se dizer que uma variável, é uma medida de alguma informação que apresenta variabilidade e na qual que se tenha interesse de estudo.

Exemplos de Variáveis:

- Tempo de permanência de veículos em um estacionamento de uma loja;
- Peso movimentado por dia em um porto;
- Quantidade mensal de furtos em uma cidade;
- Número de pedidos atendidos por dia em uma empresa;
- Número de alunos ausentes por dia em uma escola;
- Clientes atendidos por dia por um aplicativo de alimentação;

- Passageiros embarcados por dia em um aeroporto.

Note-se que os "Dados" nada mais são do que valores observados dessas medidas nas quais se tem interesse de estudo. Quando se fala em Dados, portanto, se está falando em Observações (valores observados) de variáveis. Coletar Dados é, portanto, coletar valores de variáveis.

Na área de Ciência de Dados, as Variáveis são também chamadas de **Atributos**.

Existem tipos diferente de variáveis. As Variáveis ou Atributos podem ser:

a) Quantitativas ou Numéricas, quando podem ser medidas numericamente e podem ser Contínuas ou Discretas

Se o número de valores possíveis de X for finito ou infinito **numerável**, denominamos X de Variável Discreta.

Exemplos:

- Chegadas de Clientes a um Shopping Center
- Chegadas de Veículos a um Estacionamento
- Número de Acessos a um site
- Número de Chamadas para uma Central de Atendimento

Se X assume valores em um intervalo ou uma coleção de intervalos, $a \leq X \leq b$, denominamos X de **Variável Aleatória Contínua**

Exemplos:

- Tempo entre Chegadas de Clientes a um Shopping Center;
- Temperatura de um equipamento;
- Pressão de uma válvula de controle;
- Duração de Chamadas a uma Central de Atendimento.

b) Qualitativas ou Categóricas, quando não é possível uma medida numérica, as observações são classificadas em categorias, que podem ser Ordinais ou Nominais.

A Nominal é uma Categoria que não pode ser ordenada.

Exemplos:

- Cor dos olhos;
- Tipo de veículo;
- Espécie de planta;
- Tipo de defeito.

Na Ordinal as categorias podem ser ordenadas.

Exemplos:

- Avaliação do aluno: Grau A, B, C, D;
- Avaliação do serviço: ruim, regular, bom, ótimo;
- Tempo de espera: pequeno, médio, longo.

A figura 1.2, mostra essas categorias em uma forma esquemática.

Observações / Exemplares / Instâncias. Pensando-se nos dados organizados na forma de uma tabela, cada coluna seria uma Variável (ou atributo) e cada linha é chamada de um **Exemplar** ou uma **Instância**, ou uma **Observação**. Os dois primeiros termos são mais empregados na área de Ciência de Dados, enquanto que este último é mais usado entre os profissionais de Estatística.

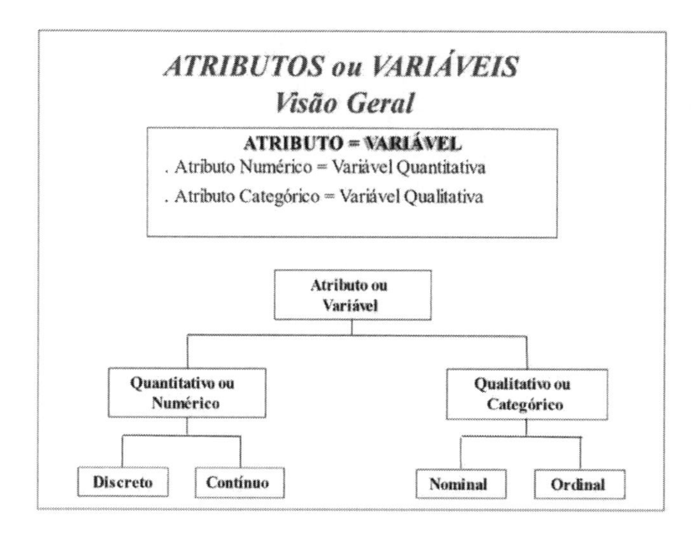

Figura 1.2 — Tipos de Variáveis.

1.2 População e Amostra

População é o conjunto de todos os possíveis valores de uma variável. É, portanto, um conjunto de medidas (observações) sobre alguma informação que se tenha interesse, de um dado fenômeno aleatório.

Em termos de exemplos de populações, pode-se considerar qualquer variável que se possa imaginar. Os mesmos exemplos mencionados anteriormente para variáveis e os respectivos fenômenos aleatórios, valem aqui.

Outros exemplos que se poderia pensar, seriam:

1. População da variável "idade de alunos em universidades brasileiras";
2. População da variável "número de artigos científicos produzidos em universidades brasileiras";
3. População da variável "receita gerada em indústrias têxteis, com um novo tipo de tecido inovador";
4. População da variável "receita gerada em indústrias têxteis, com tecidos convencionais".

Toda população tem um conjunto de Propriedades comuns a todas as populações, conforme elencadas a seguir:

- Uma População pode ser finita ou infinita: Pode ter um número finito de valores observados (vide exemplos 1 e 2) ou infinito (exemplos 3 e 4)
- População pode ser Contínua ou Discreta:
  - Contínua: População contém todos os infinitos valores de um intervalo aberto ou fechado. A variável corresponde a números reais (exemplos 3 e 4)
  - Discreta: População contém um número finito de valores de um intervalo. A variável corresponde a números inteiros (exemplos 1 e 2).
- População pode ser conceitual, como nos exemplos 3 e 4: tecido inovador ou convencional.

Uma **Amostra** é parte de uma população, e contém, sempre, um número finito de exemplares (observações) da População.

Em boa parte dos casos práticos, não se tem acesso à população completa. E isso ocorre por razões operacionais, que tornam impraticável o levantamento de toda a a população, ou mesmo porque a população é infinita. Muitas vezes, portanto, trabalha-se com Amostras, e a partir dessas amostras procura-se desenvolver algum tipo de descoberta sobre a População, como um todo.

1.3 Descrição de uma População

A Estatística possibilita que uma população seja descrita de uma forma sumarizada, para que não se tenha a necessidade de se trabalhar com todos os seus elementos. Esta é uma das vantagens principais de se utilizar a Estatística.

Essa descrição de uma população pode ser feita de duas formas distintas:

a) Descrição por parâmetros da população, ou

b) Descrição por uma Distribuição de Probabilidades que represente a população

1.3.1 Descrição de uma População por Parâmetros

Inicialmente, precisa-se caracterizar o que é um parâmetro de uma População. Parâmetros representam qualquer característica (um indicador) de uma População, que tenha sido calculada com o uso de todos os exemplares da População. Note-se, portanto, que aqui não pode ser usada uma amostra da população. O cálculo de um parâmetro exige o uso de toda a população.

Como exemplo, pode-se pensar em um parâmetro associado à população da variável "Idade dos alunos de uma universidade". Um parâmetro associado a essa população seria, por exemplo, a média da Idade dos Alunos dessa universidade. E essa média deve ser computada com base em todos os alunos pertencentes a essa população.

Note-se que uma população pode ser descrita por um ou mais de seus parâmetros.

Os parâmetros clássicos, mais utilizados, são a média (μ), a variância (σ^2) e o desvio padrão (σ), que serão vistos a seguir.

Em teoria de probabilidades, define-se

$$E[X] = \mu = \text{valor esperado de } X,$$
$$V[X] = \sigma^2 = \text{variância de } X.$$

Para se conceituar esses parâmetros, seja uma variável X, e o conjunto de seus valores $\{X_i, i = 1, 2, \ldots, n\}$. Tem-se assim, um conjunto $\{X_1, X_2, \ldots, X_n\}$ que corresponde aos valores observados de X, e que representa assim, a população de valores de X.

Para essa variável X, pode-se definir a sua média (μ), a sua variância (σ^2) e o seu desvio padrão (σ), conforme abaixo:

1.3.1.1 Média de X

A Média (μ) sempre se refere a uma dada variável, e é uma medida de "posição" da população daquela variável. É uma métrica que mostra a tendência central daquela variável, pois está entre os seus valores mínimo e máximo.

Valor Mínimo da População $< \mu <$ Valor Máximo da População.

Fica, portanto, posicionada entre os dois extremos, fornecendo uma ideia da **posição** central da população.

A média (μ) de uma variável X é computada, conforme a expressão 1.1, a seguir:

$$\mu = \frac{1}{n}\sum_{i=1}^{n} X_i. \tag{1.1}$$

A expressão 1.1 pode ser desenvolvida para 1.2:

$$\mu = \frac{X_1 + X_2 + \cdots + X_n}{n}. \tag{1.2}$$

Note que a média se confunde com o valor esperado: $E(X) = \mu$.

1.3.1.2 Variância de X

A variância (σ^2) de uma variável X é uma medida da dispersão (da variação) dos valores observados (X_i) da variável X, em torno da sua média. Essa variação ou dispersão, é computada pelo desvio (a diferença) entre cada valor observado, X_i, e a média μ. Cada um desses desvios pode ser negativo ou positivo, dependendo se a média é maior ou menor do que cada valor X_i. Para eliminar a influência do sinal, o resultado de cada desvio é elevado ao quadrado, o que elimina a influência do sinal, pois todo número elevado ao quadrado é positivo.

A variância (σ^2) é assim, expressa por 1.3:

$$\sigma^2 = \frac{1}{n}\sum_{i=1}^{n}(X_i - \mu)^2. \tag{1.3}$$

A expressão 1.3 pode ser expandida para 1.4:

$$\sigma^2 = \frac{(X_1 - \mu)^2 + (X_2 - \mu)^2 + \cdots + (X_n - \mu)^2}{n}. \tag{1.4}$$

Note-se que a variância trabalha com os desvios ao quadrado, dos valores de X em relação à média. Isto faz que com o valor de σ^2 esteja em outra escala, diferente dos valores observados de X, bem maiores que X, se X está em uma faixa de valores acima de 1, ou bem menores que X, se X está em faixas de valores abaixo de 1.

Para contornar essa questão tem-se o Desvio Padrão, que trabalha na mesma escala dos valores observados (X_i) de X.

1.3.1.3 Desvio Padrão de X

O desvio padrão (σ) de uma variável X, corresponde à raiz quadrada da variância, conforme a expressão 1.5:

$$\sigma = \sqrt{\sigma^2}. \tag{1.5}$$

Um complemento ao Desvio Padrão, seria expressá-lo como uma proporção da média, e isto é feito por meio do chamado Coeficiente de Variação (CV). O CV nada mais é do que uma divisão de σ por μ, conforme 1.6:

$$CV = \frac{\sigma}{\mu}. \tag{1.6}$$

Note que:

- Todos essas métricas apresentadas nesta seção, σ, σ^2, μ e CV , são parâmetros de uma população;

- Todos fornecem informações sumarizadas sobre a População;
- Uma população pode ser representada por um ou mais desses parâmetros, dependendo do que se deseja representar;
- Há vários outros parâmetros que podem ser utilizados para representar uma população. Aqui estão sendo mostrados os mais importantes.

1.3.2 Descrição de uma População por uma Distribuição de Probabilidades

O conceito de distribuição de probabilidades vem da própria teoria de Probabilidade (Meyer, 1983; Devore, 2011), e pode ser definida para variáveis discretas e contínuas.

No caso de uma variável discreta, X, uma distribuição de probabilidades para representar essa variável seria uma função que associa a cada possível valor X_i de X uma probabilidade de ocorrência daquele valor, $p(X_i) = P(X = X_i)$. Essa função "p" é chamada de Função Massa de Probabilidades (fmp) ou Distribuição de Probabilidades.

Quando a variável é contínua, isso não é possível, pois se tem infinitos valores. A situação fica então, um pouco diferente.

Neste caso, trabalha-se com o conceito de função "densidade" de probabilidades, e por meio dessa função, calculam-se probabilidades para intervalos de valores.

A Distribuição de Probabilidades ou Função Densidade de Probabilidade (fdp) de X é uma função $f(x)$, tal que para quaisquer dois números a e b, com $a \leq b$, é possível por meio de um processo de integração, determinar a probabilidade de X estar no intervalo $[a, b]$, conforme a expressão 1.7:

$$P(a \leq X \leq b) = \int_a^b f(x)\, dx. \tag{1.7}$$

Note-se que apesar de não ser possível determinar a probabilidade de um valor específico de X, na prática pode-se definir um intervalo com uma amplitude muito pequena, que acaba tendendo para o valor do ponto que se deseja.

Por exemplo: caso se tenha interesse na probabilidade de X=20, pode-se definir um intervalo entre 19,999 e 20,001. Com isto, tem-se uma probabilidade muito próxima da probabilidade desejada de $X = 20$:

$$P(19,999 \leq X \leq 20,001) \approx P(X = 20).$$

A Distribuição de Probabilidades é, portanto, um modelo matemático (ou modelo probabilístico) que representa o comportamento probabilístico de um processo.

É representada por uma equação (um modelo matemático), e nem sempre se tem como se estabelecer *a priori* qual a distribuição teórica mais apropriada para representar uma dada população.

Nestes casos, pode-se procurar identificar a "melhor" distribuição para representar essa população por meio da Distribuição de Frequências.

Essa Distribuição de Frequências, que também é chamada de Distribuição Empírica, pode ser definida, de uma forma mais intuitiva, como sendo uma "tabela", com duas colunas, que relaciona os valores de uma variável à chance ("*probabilidade*") que ela tem de assumir cada um daqueles valores.

A primeira coluna apresenta todos os valores possíveis que a variável pode assumir. Se o número de possibilidades de valores for muito grande, esses valores são agrupados em faixas (classes de valores). Aqui também pode-se pensar em variáveis categóricas, onde na primeira coluna tem-se todas as categorias possíveis da variável.

Na segunda coluna, tem-se as frequências de ocorrência de cada valor ou de cada faixa de valores ou de cada categoria, que foram observadas em uma amostra dos dados.

A partir de uma amostra, portanto, tem-se uma estimativa do que seria a verdadeira distribuição de probabilidades daquela população. Como é uma estimativa, a partir de dados observados em uma amostra, daí vem a denominação de Distribuição Empírica. A tabela 1.1 mostra como seria a estrutura dessa distribuição de frequências.

Tabela 1.1 — Estrutura de uma Distribuição de Frequências.

1ª Coluna	2ª Coluna
VARIÁVEL (Valores da Variável)	**FREQUÊNCIA (Qtde. de Observações)**
VALORES ou CATEGORIAS que a Variável em estudo pode assumir	FREQUÊNCIAS de Ocorrência de cada Valor da Variável

Essa tabela pode ser representada num gráfico, que é o chamado **Histograma de Frequências.** E a partir desse histograma pode-se visualizar o formato da curva que poderia corresponder à sua distribuição teórica.

Se na coluna de frequências, se fizer uso das Frequências Relativas, que representam uma proporção (um percentual) de cada frequência absoluta em relação ao total de dados observados na amostra, então essa *Frequência Relativa pode ser entendida como a "chance"de cada valor ocorrer, e seria assim, uma estimativa da Probabilidade de cada valor ocorrer. Daí serem chamadas de* probabilidades empíricas, já que seriam probabilidades estimadas a partir dos dados observados.

A figura 1.3 mostra como seria um histograma de frequências, representado por um gráfico de colunas, e o envoltório dessas colunas, que forma uma curva que poderia representar a verdadeira distribuição de probabilidades dessa população.

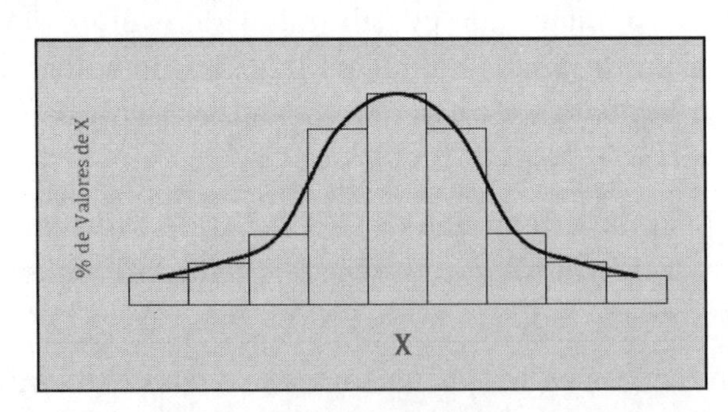

Figura 1.3 — Exemplo de Histograma de Frequências e curva envoltória.

A soma das frequências relativas de uma distribuição de frequências é sempre igual a 1 (100%), e assim também é a área total sob a curva representando uma distribuição, que deve ser sempre igual a 1 (ou 100%).

Exemplo 1.1: Distribuição do Número de Acidentes por mês em um cruzamento. Aqui foi feito um levantamento do número de acidentes em um dado cruzamento de tráfego, durante 96 meses (8 anos), e foram obtidos os resultados apresentados na tabela 1.2.

Tabela 1.2 — Distribuição de Frequências Número de Acidentes em um Cruzamento de Tráfego.

Acidentes por mês	Frequência Absoluta (qtde. de meses)	Frequência Relativa ou Probabilidade Empírica (%")
0	65	68%
1	18	19%
2	7	7%
3	4	4%
4	2	2%
Total:	**96**	**100%**

A figura 1.4 apresenta o histograma correspondente à tabela 1.2.

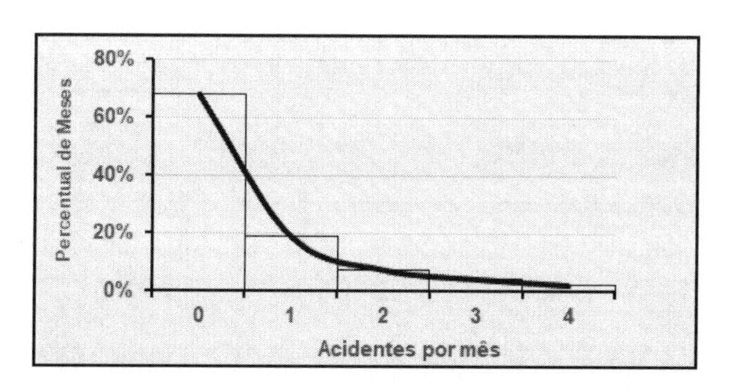

Figura 1.4 — Histograma de Frequências e Curva correspondente.
Número de Acidentes/mês em um Cruzamento de Tráfego.

Exemplo 1.2: Distribuição do Volume de Entregas em uma Transportadora. Neste exemplo, foi feito um levantamento durante 180 dias do volume movimentado por dia em uma transportadora, medido em toneladas. O resultado é apresentado na tabela 1.3.

Tabela 1.3 — Distribuição de Frequências Volume de Entregas em uma Transportadora.

Volume Diário (t/dia)	Frequência Absoluta (qtde. de dias)	Frequência Relativa ou Probabilidade Empírica (%)
até 100	18	10%
100 a 200	41	23%
200 a 300	76	42%
300 a 400	32	18%
> 400	**13**	7%
Total:	**180**	100%

A figura 1.5 apresenta o histograma correspondente à tabela 1.3.

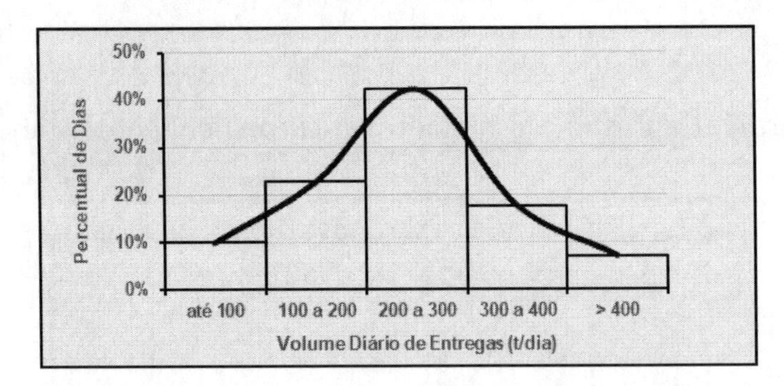

Figura 1.5 — Histograma de Frequências e Curva correspondente.
Volume de Entregas em uma Transportadora.

As distribuições representam papel fundamental em análises estatísticas, em particular, as distribuições teóricas. Há várias distribuições teóricas, já estudadas na literatura, e a mais conhecida delas, e possivelmente, a de maior aplicação prática, é a chamada Distribuição Normal, que será estudada no próximo capítulo.

1.4 Descrição de uma Amostra

No caso de uma amostra a sua descrição se dá de forma similar ao que ocorre com uma população.

A amostra pode ser descrita por uma estimativa de um parâmetro ou por uma estimativa da distribuição de probabilidades da população correspondente.

No caso de uma estimativa de um parâmetro, esta é denominada de "Estatística"*, da mesma forma que a ciência Estatística, só que aqui com outro significado.

Estatística é assim, uma estimativa de um parâmetro, e é uma medida (uma métrica) que é calculada fazendo uso de valores observados (observações) de uma amostra.

Em se tratando de uma estimativa da Distribuição de Probabilidades, já foi visto na seção 1.3, que esta pode ser estimada por meio de uma Distribuição Empírica, também chamada de Distribuição de Frequências.

Desta forma, vê-se que uma amostra pode ser descrita por dois instrumentos distintos:

- por uma Estatística ou;
- por uma Distribuição de Frequências.

As principais Estatística utilizadas, são aquelas correspondentes aos principais parâmetros de uma população, quais sejam:

- estimativa da média, denominada de média amostral ($\overline{x}$),
- estimativa da variância, denominada de variância amostral (s^2) e,
- estimativa do desvio padrão, denominada de desvio padrão amostral (s).

Considerando-se uma amostra de tamanho n, a média pode ser calculada por 1.8:

$$\overline{x} = \frac{x_1 + x_2 + \cdots + x_n}{n}. \tag{1.8}$$

*Note que este é outro significado para o termo "Estatística". Na verdade, pode-se ter ao menos três significados para o termo Estatística: pode-se usá-lo como a Ciência Estatística; como uma estimativa de um parâmetro (uma métrica) ou com o significado de um levantamento de dados, um levantamento estatístico (uma pesquisa de dados).

E tendo-se uma amostra, a variância (σ^2) pode ser estimada pela variância amostral, s^2, conforme a expressão 1.9:

$$s^2 = \frac{1}{n-1} \sum_{i=1}^{n} (X_i - \mu)^2. \tag{1.9}$$

E o desvio padrão amostral correspondente seria:

$$s = \sqrt{s^2}. \tag{1.10}$$

Pode-se também ter uma estimativa do Coeficiente de Variação ($\widehat{CV}$), por meio de 1.11:

$$\widehat{CV} = \frac{s}{\bar{x}}. \tag{1.11}$$

1.5 Desigualdade de Tchebycheff

Para finalizar este capítulo inicial, apresenta-se uma pequena demonstração de como é possível se desenvolver uma análise estatística que pode ser útil no apoio a eventuais decisões que precisem ser tomadas. Esse tipo de análise será desenvolvido com maior intensidade no próximo capítulo que trata da inferência estatística. Aqui, é apenas uma primeira demonstração, mas que como será visto, já se mostra bastante útil em um processo de tomada de decisão.

Aqui será utilizado um teorema clássico em Estatística, desenvolvido pelo matemático russo Pafnuty Lvovich Tchebycheff * (1821–1894), que possibilita que se estime a proporção de elementos de uma população que se encontram em um dado intervalo. Uma vez que se tenha essa proporção,

*A literatura muitas vezes utiliza o nome Chebyshev. Há relatos de que essa diferença é devida a questões de transliteração. Lembrando que transliterar é representar uma letra de um vocábulo, escrita em uma dada língua, por outra letra, em outra língua, que possua um sistema de caracteres diferente. Por exemplo: ao se traduzir do russo para o inglês, tem-se alfabetos diferentes, então em certos casos é preciso transliterar. No caso presente, Tchebycheff seria a transliteração francesa do nome do autor, e Chebyshev, seria a transliteração para o inglês.

esta pode ser considerada como uma estimativa da probabilidade de que a variável em estudo se encontre naquela faixa de valores.

Esse teorema é expresso por meio de uma desigualdade, a "Desigualdade de Tchebycheff", que possibilita também que se compreenda como que a variância mede a variação (dispersão) dos dados em torno da média. A média em probabilidades, conforme já visto, é o "valor esperado" de uma variável, assim, a variância mede a dispersão dos dados observados em torno do seu valor esperado. E a desigualdade de Tchebycheff faz uso do desvio padrão, que é a raiz quadrada da variância.

Para apresentar essa desigualdade, suponha que se tenha uma dada variável X, em que se tenha interesse de estudo, com uma população com média (μ) e desvio padrão (σ).

O teorema de Tchebycheff estabelece que para um dado número $K > 0$, é possível se estimar a proporção de observações da população de X que estaria posicionada no intervalo $[\mu \pm k\sigma]$. Em outras palavras, Tchebycheff fornece uma estimativa da probabilidade de ocorrências de X no intervalo $[(\mu - k\sigma), (\mu + k\sigma)]$. Segundo o teorema, essa probabilidade é de ao menos $1 - (\frac{1}{k^2})$. A expressão 1.12 apresenta o resultado do teorema:

$$P(\mu - k\sigma < X < \mu + k\sigma) > \left[1 - \left(\frac{1}{k^2}\right)\right]. \tag{1.12}$$

Conclusão: *Pode-se afirmar que ao menos* $[1 - (\frac{1}{k^2})]$ *das observações de uma população vai estar dentro de k desvios padrão* (σ), *da média* (μ) *da população.*

Exemplo 1.3: Suponha que para uma dada população de clientes de uma empresa, sabe-se que o valor da compra (X), tem média (μ) de \$86,00, com um desvio padrão (σ) de \$22,00.

Seja agora, $k = 2$. Então, utilizando-se Tchebycheff, tem-se:

$$P[86,00 - 2.22,00 < X < 86,00 + 2.22,00] > 1 - \left(\frac{1}{22}\right),$$

$$P[86,00 - 44,00 < X < 86,00 + 44,00] > 1 - \left(\frac{1}{4}\right),$$

$$P(42,00 < X < 130,00) > 0,75.$$

A probabilidade de que o valor da compra de um cliente esteja no intervalo [42,00, 130,00] é de 75%.

Agora, qual seria a probabilidade de que uma compra estivesse acima de 160,00?

Neste caso, como não se tem o valor de K, deve-se determiná-lo.

$$K\sigma = 160,00 - 86,00 \rightarrow K\sigma = 74,00 \rightarrow 22,00K = 74,00 \rightarrow K = \frac{74,00}{22,00},$$
$$K = 3,364.$$

$$P[86,00 - 3,364.22,00 < X < 160] > 1 - \left(\frac{1}{3,36^2}\right),$$
$$P[86,00 - 74,00 < X < 160] > 1 - \left(\frac{1}{11,32}\right),$$
$$P[12 < X < 160] > 1 - (0,0883),$$
$$P[12 < X < 160] > 0,9117.$$

Considerando-se que os valores estão simetricamente distribuídos abaixo e acima dos limites do intervalo, então: $P[X > 160] = \frac{0,0883}{2} = 0,0441$.

Note que esse tipo de informação pode ser muito útil em um processo de tomada de decisão. Ao se saber por exemplo, com uma certa probabilidade, que as vendas de uma empresa deverão estar dentro de uma dada faixa de valores, a empresa se planeja para isso. E saliente-se que para se obter essa probabilidade as únicas informações necessárias são a média e o desvio padrão da variável em estudo.

2

MODELOS PREDITIVOS: INFERÊNCIAS SOBRE PARÂMETROS

O objetivo dos modelos apresentados neste capítulo é o desenvolvimento de inferências sobre parâmetros de uma ou mais populações, fazendo uso de informações coletadas em amostras dessas populações, conforme os conceitos de população e amostra vistos no capítulo 1.

O conceito de inferência estatística será devidamente esclarecido logo a seguir nesta introdução do capítulo.

Assim, antes de se adentrar às seções deste capítulo é importante, inicialmente, que sejam apresentados os dois ramos fundamentais da Estatística, que estão relacionados aos conceitos de população e amostra vistos anteriormente, e que têm relação direta com as descobertas sobre a população, que a Estatística proporciona.

Esses dois ramos, são:

Estatística Descritiva, que é o ramo em que se descreve e se analisa uma amostra sem a preocupação de inferir sobre a População. Trata-se de uma descrição simples, sobre os dados que se tem em mãos, E caso se tenha acesso aos dados de toda a população, a Estatística Descritiva, também pode ser aplicada da mesma forma, descrevendo as características da população;

Inferência Estatística, é o outro ramo, e tem por objetivo inferir sobre uma ou mais populações, e a partir daí estabelecer conclusões.

Essas inferências são desenvolvidas a partir de Amostras dessas Populações. Procura-se descobrir algo sobre uma população sem se ter acesso a toda a população. Esta é uma situação muito comum na prática, e é o que se faz, por exemplo, em pesquisas de opinião pública.

Todo o texto desta obra está voltado, fundamentalmente, para a Inferência Estatística, e é neste capítulo que tem início de forma mais aprofundada.

O objetivo dos modelos apresentados neste capítulo é exatamente o desenvolvimento de inferências sobre parâmetros de uma ou mais populações, fazendo uso de informações de amostras dessas populações, utilizando conceitos já vistos no capítulo 1.

Além disso, é importante que se estude com maior detalhamento a clássica Distribuição Normal, que é base para a maior parte dos procedimentos de inferência estatística. A Distribuição Normal possui papel fundamental na inferência estatística

A próxima seção deste capítulo, assim, trabalha conceitos importantes da Distribuição Normal, e na sequência, avança-se, nas outras seções, no processo e nos modelos de inferência estatística. A primeira seção apresenta a Distribuição Normal, e em seguida analisa as distribuições amostrais, que também exercem papel chave na inferência. Depois disso, desenvolve-se três tipos de inferências: estimação pontual de parâmetros, estimação de intervalos dos parâmetros e testes de hipótese sobre os parâmetros.

E note-se que fazendo-se um *link* com Ciência de Dados, à medida que se está desenvolvendo inferências, com estimativas de parâmetros e testando-se hipóteses, o que se tem, assim, nada mais é do que uma análise preditiva, conforme a terminologia empregada em Ciência de Dados, e que é parte fundamental dessa área. Tudo isso, que será visto aqui, portanto, é parte integrante importante da Ciência de Dados.

2.1 Papel da Distribuição Normal

Esta seção se dedica a introduzir uma distribuição de probabilidades clássica, com imensa aplicação prática, que é a chamada Distribuição Normal. O capítulo inicia com esta seção dedicada à distribuição Normal, pois esta distribuição tem papel decisivo no processo de Inferência Estatística. É preciso primeiro que se compreenda a distribuição Normal e suas características, para que se possa avançar nos conceitos de Inferência Estatística.

Pode-se dizer, sem medo de errar, que a Distribuição Normal é a mais importante das distribuições de probabilidade, e isto se dá, pois tem certas características que permitem que seja aplicada em uma enorme quantidade de fenômenos aleatórios. Em função de suas características, tem uma aplicação quase que universal em fenômenos da natureza, mas também tem muitas aplicações em processos de negócios. E, além disso, a distribuição normal pode ainda, ser utilizada como uma aproximação para outras distribuições, aumentando ainda mais as possibilidades de aplicação. Tudo isso faz com que seja muito utilizada na prática. Mas, há ainda outras razões para o seu uso como será visto no decorrer desta seção.

A distribuição Normal é muitas vezes chamada por outras denominações, como: curva Normal, curva de Gauss, distribuição gaussiana ou distribuição de Laplace–Gauss. O uso dos nomes de Gauss e Laplace é devido aos estudos do alemão Johann Carl Friedrich Gauss (1777–1855) e do francês Pierre-Simon Laplace (1749–1827), que eram matemáticos, astrônomos e físicos. Inclusive, a autoria da distribuição Normal era atribuída a Gauss, até o século XIX. Mas, isto mudou no início do século XX.

Pearson (1924) questionou essa autoria, e procurou mostrar que essa atribuição de autoria a Gauss ocorria devido a uma referência que Laplace fez a Gauss em *Théorie Analytique des Probabilités, de* 1812. Na verdade, tem o fato também de que nessa época, era atribuída muita importância aos trabalhos que levaram à função densidade de probabilidade, de forma geral, e que era então atribuída justamente aos trabalhos de Gauss e Laplace.

Pearson, entretanto, entendeu que a autoria não era de Gauss, e atribuiu essa autoria a Abraham De Moivre, que teria ocorrido em um panfleto escrito em latim, denominado *Approximatio ad Summam Terminorum Binomii* $(a+b)^n$ *in Seriem expansi*, de 12 de novembro de 1733, e que teria sido encontrado como um suplemento de *Miscellanea Analytica*, editado por De Moivre em 1730. Esta versão, de que a autoria efetivamente é de De Moivre, passou a prevalecer e tem se mantido até hoje, mas apesar disso, os termos distribuição gaussiana e curva de Gauss continuam a ser utilizados.

Em termos probabilísticos, a distribuição Normal representa uma variável aleatória, que possui a função densidade de probabilidade (fdp) expressa em 2.1:

$$f(X) = \left(\frac{1}{\sigma\sqrt{2\pi}}\right)^{\frac{1}{2}\left(\frac{X-\mu}{\sigma}\right)^2}. \tag{2.1}$$

A variável X varia em todo o domínio de números reais, negativos e positivos ($-\infty < X < +\infty$) e $\sigma > 0$. E note que equação da Normal tem apenas dois parâmetros: μ e σ.

A figura 2.1 mostra o formato de "sino" da curva Normal.

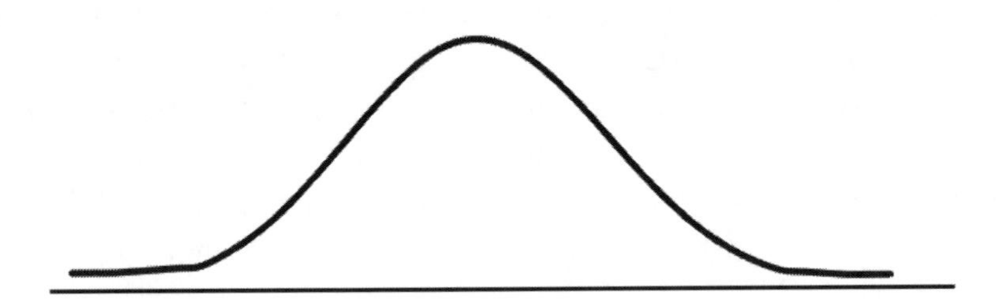

Figura 2.1 — Curva Normal – formato de "sino".

Esta distribuição tem uma série de propriedades que a caracterizam de forma muito particular, e essa relação de propriedades é apresentada a seguir.

2.1.1 Propriedades da Distribuição Normal

a) Na Normal tem-se: $E[X] = \mu$ e $Var[X] = \sigma^2$, que são justamente, os dois parâmetros da equação da distribuição Normal*.

b) A distribuição é perfeitamente simétrica em torno da sua média μ, o que significa, que 50% dos valores observados estão abaixo da média e 50% acima da média, ou em termos de probabilidades, tem-se: $P(X \leq \mu) = 0,5$ e $P(X > \mu) = 0,5$. Esta propriedade implica imediatamente, que na Normal, tem-se: Média = Mediana = Moda = μ.

A simetria em torno da média, é ilustrada na figura 2.2:

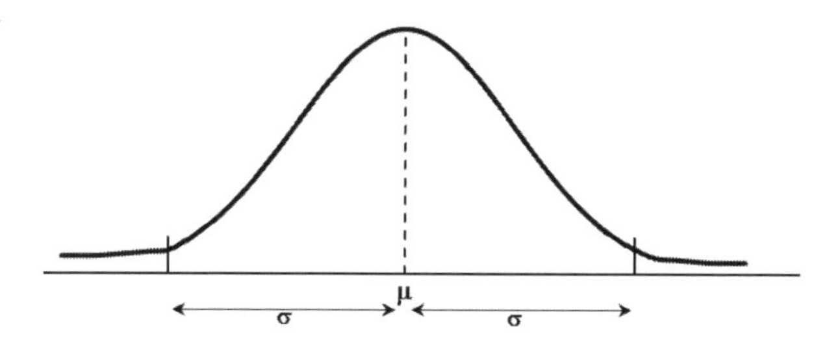

Figura 2.2 — Curva Normal: simetria em torno da Média.

c) Outra propriedade importante da distribuição Normal é que o ponto mais alto da curva (a maior probabilidade) se dá exatamente na média (μ) de X, conforme apresentado na figura 2.3.

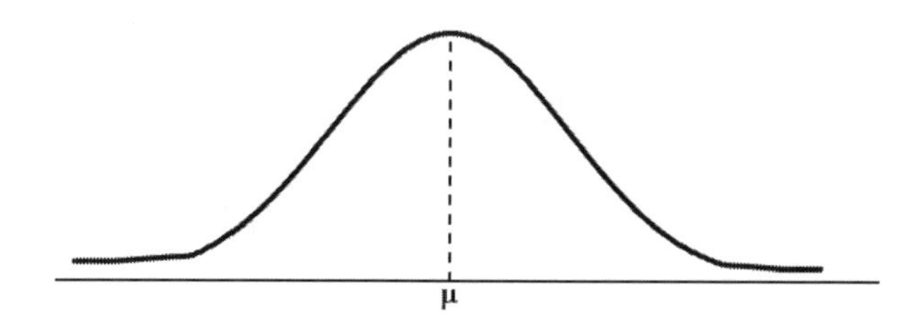

Figura 2.3 — Curva Normal: maior probabilidade na Média.

*Conforme já visto na seção 1.3, a Teoria das Probabilidades define dois parâmetros fundamentais, que são o Valor Esperado de uma variável aleatória X, representado por E[X], que em termos estatístico é a média, e a Variância de uma variável, que é representada por V[X]. No caso da Normal, correspondem a μ e σ^2, os dois parâmetros da função de densidade (fdp) da distribuição Normal.

Portanto, $X = \mu$ é ponto de máximo de $f(x)$, e a média é, assim, o valor mais provável.

d) A área total sob curva da Normal é igual a 1,0, o que é uma propriedade das distribuições. O valor 1,0 é obtido por integração da fdp.

e) A área sob a curva da Normal, na faixa entre $(\mu - \sigma)$ e $(\mu + \sigma)$, corresponde a aproximadamente, 0,683, ou seja, cerca de 68,3% dos valores de X estão na faixa, entre a média e mais ou menos 1 desvio padrão σ conforme mostra a figura 2.4.

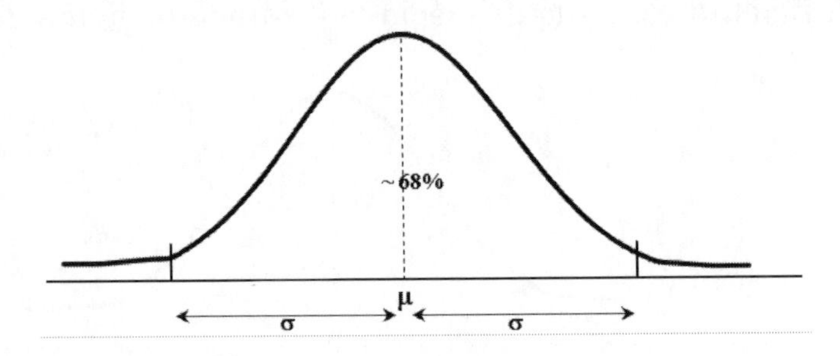

Figura 2.4 — Curva Normal: faixa de ~ 68% das observações.

f) Outro aspecto sobre esses limites $(\mu - \sigma)$ e $(\mu + \sigma)$, é que estes são pontos de inflexão da curva da Normal.

g) A curva da Normal, $f(x)$, tende a zero quando $X \rightarrow \pm\infty$, mas nunca chega a zero. Isto significa que distribuição normal é assintótica, o que implica que as caudas superior e inferior da distribuição nunca realmente chegam a tocar o eixo horizontal, X.

Estas são propriedades gerais da distribuição Normal e, portanto, valem sempre, seja qual for a variável X que se esteja estudando.

A notação utilizada para a Normal é: $X \sim N(\mu, \sigma)$, representando uma variável aleatória que segue uma Distribuição Normal com média μ e desvio padrão σ.

Por exemplo, ao se descrever uma variável X por, $X \sim N(252, 51)$, isto representa uma variável aleatória que segue uma distribuição Normal de média $\mu = 252$ e desvio padrão $\sigma = 51$.

2.1.2 Probabilidades baseadas na Distribuição Normal

Uma forma de se trabalhar com probabilidades de uma distribuição Normal é visualizar essas probabilidades a partir da curva Normal.

Já foi visto que uma das propriedades da Normal é que 68,3% dos valores de X estão na faixa, entre a média e mais ou menos 1 desvio padrão, o que significa que se tem uma probabilidade de $P(\mu - \sigma \leq X \leq \mu + \sigma) = 0,683$. A figura 2.4, já apresentada, nada mais é do que uma visualização dessa probabilidade.

Esse tipo de visualização pode ser expandido para qualquer faixa de valores, e lembrando-se que a área total sob curva da Normal é igual a 1,0, e que a curva da Normal é simétrica (tudo que ocorre acima da média, ocorre também abaixo), tem-se assim, propriedades que facilitam ainda mais essa visualização e o próprio cômputo das probabilidades.

Pensando-se em um intervalo $[X_1, X_2]$, dois valores quaisquer da variável X a probabilidade de ocorrência de algum valor abaixo de X_1 pode ser chamada de p_1, e acima de X_2 a probabilidade seria p_2. Já no intervalo $[X_1, X_2]$, a probabilidade de ocorrência de um valor será de $1 - (p_1 + p_2)$. Com isso a soma de todas as probabilidades será igual a $1,0$. Quando se tiver intervalos iguais, abaixo e acima da média, então $p_1 = p_2 = p$. E a probabilidade do intervalo será $1 - 2p$, conforme mostra a figura 2.5.

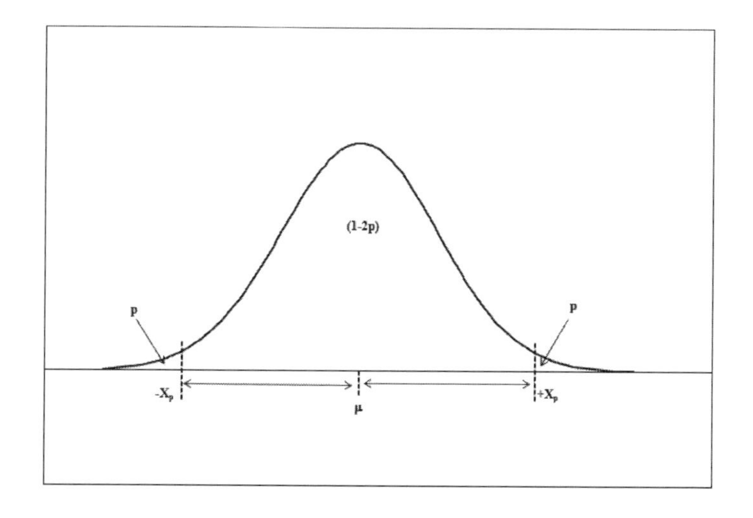

Figura 2.5 — Probabilidades na Curva Normal.

Da curva da figura 2.5, extraem-se as seguintes probabilidades:

- $P(X \leq +X_p) = 1 - p$.
- $P(X > -X_p) = 1 - p$.
- $P(X \leq -X_p) = p$.
- $P(X > +X_p) = p$.
- $P(-X_p \leq X \leq +X_p) = 1 - 2p$.

2.1.3 Distribuição Normal Padronizada

O aspecto mais importante da Distribuição Normal é a transformação que se pode fazer na variável original X, em estudo, transformando-a de uma forma muito simples em uma variável Z, por meio da expressão 2.2:

$$Z = \frac{X - \mu}{\sigma}. \tag{2.2}$$

A grande vantagem de se fazer essa transformação é que a nova variável Z, passa a ter uma distribuição Normal com média zero e desvio padrão igual a 1,0, ou seja, tem-se: $Z \sim N(0, 1)$. E veja que isto pode ser feito com qualquer variável que se esteja estudando, ou seja, qualquer variável X pode ser transformada para a mesma variável $Z \sim N(0, 1)$. E passa-se assim, a se ter um padrão para qualquer variável que tenha um comportamento Normal.

Essa distribuição Normal de Z é chamada de *Distribuição Normal Padronizada* ou *Distribuição Normal Reduzida.*

A figura 2.6 mostra a curva da distribuição Normal Padronizada ou Reduzida.

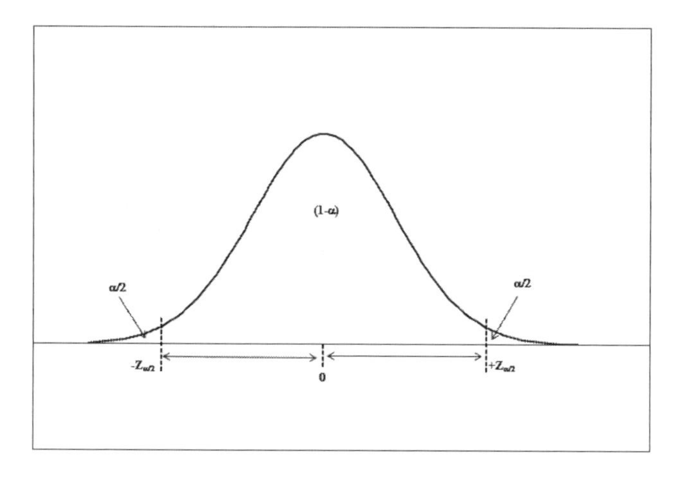

Figura 2.6 — Curva da Distribuição Normal Padronizada.

Qualquer variável $X \sim N(\mu, \sigma)$ pode ser transformada em $Z \sim N(0, 1)$ e as probabilidades que se desejar calcular para X podem ser encontradas por meio das probabilidades de Z, da seguinte forma:

$$\begin{aligned} P(X_1 \leq X \leq X_2) &= P\left(\frac{X_1 - \mu}{\sigma} \leq \frac{X - \mu}{\sigma} \leq \frac{X_2 - \mu}{\sigma}\right) \\ &= P\left(\frac{X_1 - \mu}{\sigma} \leq Z \leq \frac{X_2 - \mu}{\sigma}\right) \\ &= P(Z_1 \leq Z \leq Z_2). \end{aligned} \tag{2.3}$$

Este resultado de 2.3 é extraordinário, pois facilita imensamente o estudo de qualquer variável X.

Observe que a variável Z é uma transformação de X, em que a diferença entre X e μ, é expressa como uma proporção do desvio padrão de X. E são essas proporções que seguem a Normal de média 0 e desvio padrão $1,0$.

Outra grande vantagem da variável Z é que as probabilidades da Distribuição Normal Padronizada estão totalmente tabeladas, apresentando todos os principais valores de probabilidades (áreas sob a curva Normal) como uma função do valor de Z.

E, mais uma vez, vale enfatizar que essas probabilidades são válidas para qualquer variável X que se esteja estudando. Basta transformar X em Z.

Dessa forma, o cálculo de qualquer probabilidade de uma variável $X \sim N(\mu, \sigma)$, passa a ser uma simples consulta à tabela da Normal Reduzida (ou padronizada).

A tabela 2.1 apresenta a todas as probabilidades da Normal Reduzida, para toda a faixa de valores de Z que se costuma trabalhar.

Essa é uma tabela de dupla entrada. O valor inteiro de Z e sua primeira casa decimal são apresentados na 1ª coluna da tabela. Já, a segunda casa decimal de Z é apresentada na 1ª linha da tabela.

A tabela Normal apresenta probabilidades acumuladas para Z até um dado valor Z_p. A tabela fornece $P(Z \leq Z_p) = 1 - p$, mas pode-se obter facilmente, $P(Z > Zp) = p$.

A figura 2.7 apresenta a curva da Normal padronizada com uma visualização das probabilidades apresentadas na tabela da Normal. Pela curva, pode-se ter uma visualização das probabilidades da tabela. Note que a área $(1 - p)$ sob a curva, representa as probabilidades que são fornecidas na tabela. Estas probabilidades podem ser obtidas no R pela função: `pnorm`.

A título de ilustração, suponha que se deseje encontrar a probabilidade de $Z \leq 1,96$.

Então, pela tabela Normal implementada no R, tem-se que: `pnorm(1.96)` $= 0,975$, e, portanto: $P(Z \leq 1,96) = 0,975$.

A partir dessa probabilidade pode-se obter: $P(Z > 1,96) = 1 - 0,975 = 0,025$.

Caso se deseje encontrar a probabilidade de $Z \leq -1,96$, pela simetria da curva Normal, tem-se: $P(Z \leq -1,96) = P(Z > 1,96) = 0,025$ (vide figura 2.6).

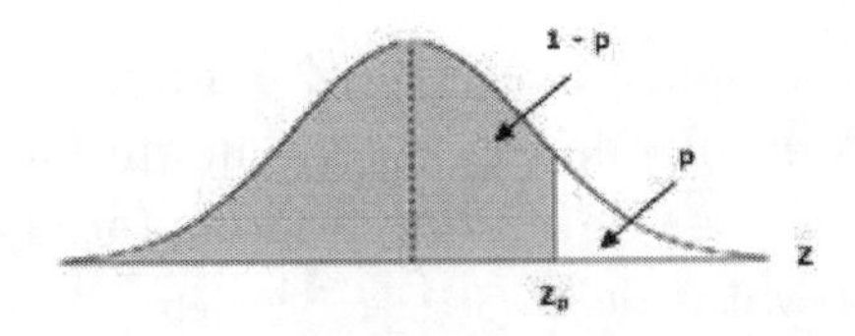

Figura 2.7 — Curva de Probabilidades da Tabela Normal Padronizada.

A partir da tabela Normal, pode-se calcular probabilidades para qualquer variável $X \sim N(\mu, \sigma)$, seja qual for sua média e desvio padrão. Basta transformar X em Z.

Tabela 2.1 — Distribuição Normal Padronizada (ou Reduzida).

Z	0,00	0,01	0,02	0,03	0,04	0,05	0,06	0,07	0,08	0,09
0,0	0,5000	0,5040	0,5080	0,5120	0,5160	0,5199	0,5239	0,5279	0,5319	0,5359
0,1	0,5398	0,5438	0,5478	0,5517	0,5557	0,5596	0,5636	0,5675	0,5714	0,5753
0,2	0,5793	0,5832	0,5871	0,5910	0,5948	0,5987	0,6026	0,6064	0,6103	0,6141
0,3	0,6179	0,6217	0,6255	0,6293	0,6331	0,6368	0,6406	0,6443	0,6480	0,6517
0,4	0,6554	0,6591	0,6628	0,6664	0,6700	0,6736	0,6772	0,6808	0,6844	0,6879
0,5	0,6915	0,6950	0,6985	0,7019	0,7054	0,7088	0,7123	0,7157	0,7190	0,7224
0,6	0,7257	0,7291	0,7324	0,7357	0,7389	0,7422	0,7454	0,7486	0,7517	0,7549
0,7	0,7580	0,7611	0,7642	0,7673	0,7704	0,7734	0,7764	0,7794	0,7823	0,7852
0,8	0,7881	0,7910	0,7939	0,7967	0,7995	0,8023	0,8051	0,8078	0,8106	0,8133
0,9	0,8159	0,8186	0,8212	0,8238	0,8264	0,8289	0,8315	0,8340	0,8365	0,8389
1,0	0,8413	0,8438	0,8461	0,8485	0,8508	0,8531	0,8554	0,8577	0,8599	0,8621
1,1	0,8643	0,8665	0,8686	0,8708	0,8729	0,8749	0,8770	0,8790	0,8810	0,8830
1,2	0,8849	0,8869	0,8888	0,8907	0,8925	0,8944	0,8962	0,8980	0,8997	0,9015
1,3	0,9032	0,9049	0,9066	0,9082	0,9099	0,9115	0,9131	0,9147	0,9162	0,9177
1,4	0,9192	0,9207	0,9222	0,9236	0,9251	0,9265	0,9279	0,9292	0,9306	0,9319
1,5	0,9332	0,9345	0,9357	0,9370	0,9382	0,9394	0,9406	0,9418	0,9429	0,9441
1,6	0,9452	0,9463	0,9474	0,9484	0,9495	0,9505	0,9515	0,9525	0,9535	0,9545
1,7	0,9554	0,9564	0,9573	0,9582	0,9591	0,9599	0,9608	0,9616	0,9625	0,9633
1,8	0,9641	0,9649	0,9656	0,9664	0,9671	0,9678	0,9686	0,9693	0,9699	0,9706
1,9	0,9713	0,9719	0,9726	0,9732	0,9738	0,9744	0,9750	0,9756	0,9761	0,9767
2,0	0,9772	0,9778	0,9783	0,9788	0,9793	0,9798	0,9803	0,9808	0,9812	0,9817
2,1	0,9821	0,9826	0,9830	0,9834	0,9838	0,9842	0,9846	0,9850	0,9854	0,9857
2,2	0,9861	0,9864	0,9868	0,9871	0,9875	0,9878	0,9881	0,9884	0,9887	0,9890
2,3	0,9893	0,9896	0,9898	0,9901	0,9904	0,9906	0,9909	0,9911	0,9913	0,9916
2,4	0,9918	0,9920	0,9922	0,9925	0,9927	0,9929	0,9931	0,9932	0,9934	0,9936
2,5	0,9938	0,9940	0,9941	0,9943	0,9945	0,9946	0,9948	0,9949	0,9951	0,9952
2,6	0,9953	0,9955	0,9956	0,9957	0,9959	0,9960	0,9961	0,9962	0,9963	0,9964
2,7	0,9965	0,9966	0,9967	0,9968	0,9969	0,9970	0,9971	0,9972	0,9973	0,9974
2,8	0,9974	0,9975	0,9976	0,9977	0,9977	0,9978	0,9979	0,9979	0,9980	0,9981
2,9	0,9981	0,9982	0,9982	0,9983	0,9984	0,9984	0,9985	0,9985	0,9986	0,9986
3,0	0,9987	0,9987	0,9987	0,9988	0,9988	0,9989	0,9989	0,9989	0,9990	0,9990
3,1	0,9990	0,9991	0,9991	0,9991	0,9992	0,9992	0,9992	0,9992	0,9993	0,9993
3,2	0,9993	0,9993	0,9994	0,9994	0,9994	0,9994	0,9994	0,9995	0,9995	0,9995
3,3	0,9995	0,9995	0,9995	0,9996	0,9996	0,9996	0,9996	0,9996	0,9996	0,9997
3,4	0,9997	0,9997	0,9997	0,9997	0,9997	0,9997	0,9997	0,9997	0,9997	0,9998
3,5	0,9998	0,9998	0,9998	0,9998	0,9998	0,9998	0,9998	0,9998	0,9998	0,9998

Fonte: Tabela gerada pelo autor usando as fórmulas da Distribuição Normal.

A seguir são apresentados exemplos de uso da Tabela Normal Padronizada para cálculo de algumas probabilidades.

Exemplo 2.1: Seja um lote de pneus cuja vida útil (X), em km, segue uma Normal $X \sim N(60.000, 8.000)$, e deseja-se saber $P(X > 80.000)$.

Solução:

$$\begin{aligned}
P(X > 80.000) &= P\left(\frac{X-\mu}{\sigma} > \frac{80.000-\mu}{\sigma}\right)\\
&= P\left(\frac{X-60.000}{8.000} > \frac{80.000-60.000}{8.000}\right)\\
&= P(Z > 2,5) = \text{área sob a Curva Normal}\\
&= \text{área "}1-p\text{", da figura 2.7.}
\end{aligned}$$

Da tabela da Distribuição Normal do R tem-se: `pnorm(2.5)` $= 0,9937903$. Obtém-se o mesmo resultado com: `pnorm(80000,60000,8000)` $= 0,9937903$. Portanto,

$$P(Z > 2,5) = P(X > 80000) = 1 - 0,9938 = 0,0062 = 0,62\%.$$

Uma probabilidade bem pequena desses pneus terem vida útil acima de 80.000 km.

Exemplo 2.2: Para a mesma variável $X \sim N(60.000, 8.000)$, encontrar $P(X < 65.000)$.

Solução:

$$\begin{aligned}
P(X < 65.000) &= P\left(\frac{X-\mu}{\sigma} > \frac{65.000-\mu}{\sigma}\right)\\
&= P\left(\frac{X-60.000}{8.000} > \frac{65.000-60.000}{8.000}\right)\\
&= P(Z < 0,625).
\end{aligned}$$

Da tabela da Distribuição Normal do R tem-se: $\texttt{pnorm}(0,625) = 0,7340145$. Obtém-se o mesmo resultado com: $\texttt{pnorm}(65000, 60000, 8000) = 0,7340145$. Portanto,

$$P(Z < 0,625) = P(X < 65000) = 0,73401 = 73,4\%.$$

Há uma probabilidade elevada de que a vida útil desses pneus fique abaixo de 65.000 km.

Exemplo 2.3: Para a mesma variável $X \sim N(60.000, 8.000)$, encontrar $P(58.000 \leq X \leq 62.000)$.

Solução: Deve-se determinar $P(X < 62.000) - P(X < 58.000)$:

$$\begin{aligned} P(X < 62.000) &= P\left(\frac{X-\mu}{\sigma} > \frac{62.000-\mu}{\sigma}\right) \\ &= P\left(\frac{X-60.000}{8.000} < \frac{62.000-60.000}{8.000}\right) = P(Z < 0,25); \\ P(X < 58.000) &= P\left(\frac{X-\mu}{\sigma} > \frac{58.000-\mu}{\sigma}\right) \\ &= P\left(\frac{X-60.000}{8.000} < \frac{58.000-60.000}{8.000}\right) = P(Z < -0,25). \end{aligned}$$

Da tabela da Distribuição Normal do R, tem-se: $\texttt{pnorm}(0.25) = 0,5987063$. $P(Z < -0,25) = 1 - 0,5987 = 0,4013$, ou $\texttt{pnorm}(-0.25) = 0,4012937$. Portanto:

$$\begin{aligned} P(58.000 \leq X \leq 62.000) &= P(X < 62.000) - P(X < 58.000) \\ &= 0,5987 - 0,4013 = 0,1974. \end{aligned}$$

Tem-se uma probabilidade de 19,74% de que a vida útil desses pneus fique entre 58.000 e 62.000 km.

2.2 Teorema do Limite Central

Este é um teorema clássico em probabilidades e estatística, e merece um destaque, pois amplia de forma considerável as possibilidades de aplicação da distribuição Normal.

O teorema afirma que se uma variável aleatória (v.a.) X, puder ser representada como a *soma de um grande número de quaisquer efeitos infinitesimais* (variáveis aleatórias independentes), então, essa v.a. X, tem o comportamento aproximado de uma Distribuição Normal (Montgomery e Runger, 2013; Meyer, 1983).

Note que este é um resultado notável, pois amplia em muito o uso da Normal. Se formos analisar as variáveis aleatórias, ver-se-á que quase tudo é resultado do efeito de uma soma de muitos efeitos infinitesimais.

De modo formal, o teorema do Limite Central é expresso por (Meyer, 1983):

Seja $X = X_1 + X_2 + \cdots + X_n$, *sendo* X_i, $i = 1, 2, \ldots, n$, *variáveis aleatórias independentes, com* $E[X_i] = \mu_i$ *e* $V[X_i] = \sigma_i^2$, *então* $Z_n \sim N(0, 1)$, *sendo* Z_n *definido conforme abaixo:*

$$Z_n = \frac{X - \sum_{i=1}^{n} \mu_i}{\sqrt{\sum_{i=1}^{n} \sigma_i^2}}, \tag{2.4}$$

onde:

$E[X_i] = \mu_i =$ *valor esperado da variável aleatória* X_i,

$V[X_i] = \sigma_i^2 =$ *variância da variável aleatória* X_i.

As condições para que este teorema seja válido, são (Meyer, 1983):

- cada parcela da soma deve contribuir com uma proporção muito pequena;

- é muito improvável que qualquer parcela isolada dê uma contribuição muito grande para a soma.

Como exemplo, suponha que o volume de perda de materiais na fabricação de um produto, em um equipamento de uma linha de produção de uma indústria, seja a soma de um grande número de efeitos infinitesimais, como: flutuações na temperatura e umidade, vibrações na máquina, desgaste em dispositivos do equipamento, variações de velocidade da máquina, variações em características de matérias-primas, etc.

Se os efeitos forem independentes e igualmente prováveis de serem positivos ou negativos, pode-se mostrar que o erro total tem uma distribuição normal aproximada.

O uso do teorema se amplia muito, pois, em muitas aplicações práticas, se $n \geq 30$, a aproximação Normal será satisfatória independente da forma da população original. E quando $n < 30$, o teorema do limite central pode ainda ser empregado se a distribuição da população não for muita afastada do comportamento de uma Normal (Montgomery e Runger, 2013).

O resultado deste teorema será utilizado na próxima seção que trata de distribuições amostrais.

2.3 Distribuições Amostrais

Já foi visto na seção 1.4 que uma amostra pode ser descrita por uma estatística (estimativa de um parâmetro) ou por uma distribuição de probabilidades. No que se refere a distribuições, as amostras têm características particulares que serão vistas nesta seção.

A chamada distribuição amostral de uma determinada variável X em estudo, corresponde à distribuição da população de todos os valores calculados de uma dada Estatística, por meio de amostragens repetidas de tamanho n da população da variável X. Supondo-se, por exemplo, que se deseja estimar a média de X, isto será feito por meio de uma amostra da população de X, calcula-se a média de X naquela amostra. Se isso for repetido muitas vezes, com amostras sempre do mesmo tamanho, n, então tem-se um conjunto de médias estimadas, em que se pode identificar o comportamento da distribuição de frequências dessas médias. Essa distribuição de frequências (uma distribuição empírica) será uma estimativa da distribuição amostral das médias das amostras dessa população. A figura 2.8, ilustra esse processo.

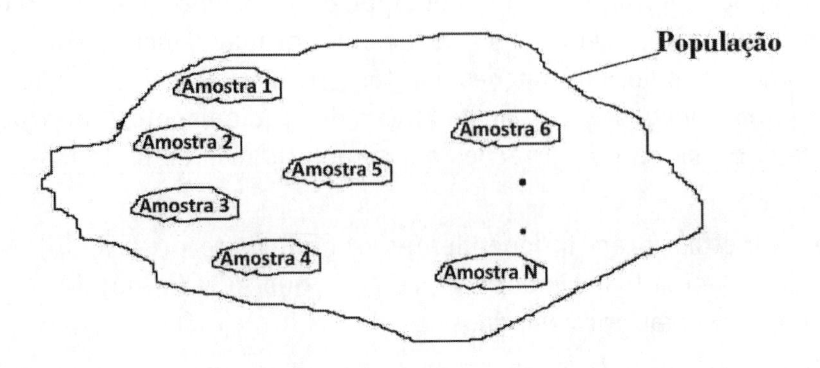

Figura 2.8 — População e Amostras.

Uma vez que se tenha um conjunto de amostras, como ilustrado na figura 2.8, tem-se então, um resultado do tipo apresentado na tabela 2.2:

Tabela 2.2 — Amostras e suas Médias Amostrais.

Amostra	1	2	$\cdots$	n
Média Amostral	$\overline{x}_1$	$\overline{x}_2$	$\cdots$	$\overline{x}_n$

Para esse conjunto de médias de amostras, tem-se uma distribuição amostral, que é um caso particular do Teorema do Limite Central, que define como se dá o comportamento dessa distribuição (Meyer, 1983), conforme abaixo:

Seja $X \sim N(\mu, \sigma)$, *e seja* $\overline{x}$ *a média de uma amostra aleatória de* X *com tamanho* n. *Então, demonstra-se que:*

a) $E[\overline{x}] = \mu$;

b) $V[\overline{x}] = \frac{\sigma^2}{n}$;

c) Para $n \geq 30$, *tem-se* $Z \sim N(0,1)$, *sendo Z definido conforme abaixo:*

$$Z = \frac{\overline{x} - \mu}{\frac{\sigma}{\sqrt{n}}}. \tag{2.5}$$

Note que este resultado decorre de uma aplicação direta do Teorema do Limite Central, pois, lembrando a fórmula 1.1, da média da amostra, esta é calculada por 2.6:

$$\overline{x} = \frac{1}{n}x_1 + \frac{1}{n}x_2 + \cdots + \frac{1}{n}x_n, \tag{2.6}$$

onde:

x_i = observação i da variável X, na amostra de tamanho n $(i = 1, 2, \ldots, n)$.

Vê-se assim, que a média é uma soma de variáveis aleatórias independentemente distribuídas.

Portanto, pode-se resumir, que pelo teorema do Limite Central, tem-se:

(a) Se a população de X em estudo é Normal, então a distribuição das médias de X também é Normal;

(b) A Média da Distribuição Amostral das médias de X, é igual a μ, ou seja, é a própria média da população de X;

(c) A Variância da Distribuição Amostral das médias de X, é a Variância da população de X, dividida pelo tamanho das amostras, σ^2/n;

(d) O Desvio Padrão da Distribuição Amostral das médias de X é a raiz quadrada da Variância da Distribuição Amostral.

E, lembrando o que foi dito na seção 2.2, caso a variável X não tenha um comportamento Normal, ainda assim, o teorema do limite central tem possibilidade de ser aplicado. E isto vale para a média amostral. A aproximação Normal para a média amostral pode ser feita para qualquer distribuição, dependendo do tamanho de amostra (n). Se a população da variável X em estudo é desconhecida, e se o tamanho n, das amostras for suficientemente grande $(n \geq 30)$, então a distribuição das médias de X é aproximadamente Normal, com média μ e variância σ^2/n.

Em suma, tem-se:

$$\textit{Se } X \sim N(\mu, \sigma), \textit{ então: } \overline{x} \sim N\left(\mu, \frac{\sigma}{\sqrt{n}}\right). \tag{2.7}$$

$$\textit{Para } \forall x, \textit{ se } n \geq 30, \textit{ então: } \overline{x} \sim N\left(\mu, \frac{\sigma}{\sqrt{n}}\right). \qquad (2.8)$$

A partir daqui têm início as seções que tratam especificamente de inferências sobre parâmetros de uma população

Serão analisados três tipos fundamentais de inferências:

- Seção 2.2: Estimação Pontual de Parâmetros;
- Seção 2.3: Intervalos de Confiança de Parâmetros;
- Seção 2.4: Testes de Hipóteses sobre Parâmetros.

2.4 Inferência: Estimação Pontual de Parâmetros

No caso da estimação de um parâmetro de uma população (*point estimation*), já foi visto na seção 1.4 que parâmetros podem ser estimados por estatísticas das amostras. São utilizados valores observados na amostra para estimar o valor do parâmetro, que deverá servir como uma "melhor estimativa"daquele parâmetro, cujo verdadeiro valor é desconhecido. Mas, o que não foi discutido na seção 1.4 e que será complementado aqui, é que é possível verificar a qualidade dessa estimativa.

A qualidade da estimativa é determinada estabelecendo-se um nível de confiança para o resultado, e que é definido pela análise da distribuição amostral do parâmetro em estudo, o que permite que se desenvolvam inferências sobre a população da variável em estudo.

Nesse sentido, tem-se duas formas de se utilizar a distribuição amostral para o desenvolvimento de inferências:

- Determinar o Nível de Confiança do Erro Máximo de Estimação Admitido;
- Determinar o tamanho da amostra para se garantir um Nível de Confiança.

Para análise dessas duas questões, considere a probabilidade expressa em 2.10:

$$P\left(|\bar{x}-\mu_{\bar{x}}|>d\right)=P\left(\left|\frac{\bar{x}-\mu}{\frac{\sigma}{\sqrt{n}}}\right|>\frac{d}{\frac{\sigma}{\sqrt{n}}}\right)=P\left(|Z|>\frac{d}{\frac{\sigma}{\sqrt{n}}}\right), \qquad (2.10)$$

onde: $d =$ nível de erro admissível

Assumindo-se um certo nível de probabilidade desejada, correspondente ao Nível de Confiança (α) de que aquele erro máximo seria atingido, tem-se em 2.11:

$$P\left(|Z|>\frac{d}{\frac{\sigma}{\sqrt{n}}}\right)=\alpha. \qquad (2.11)$$

Assim, com base na equação 2.11 e na curva Normal da figura 2.6, pode-se trabalhar os dois pontos colocados acima, e que são detalhados a seguir:

a) Determinação do Nível de Confiança do Erro Máximo de Estimação Admitido

Neste caso, tem-se a seguinte questão a responder:

> *Sendo $\bar{x}$ uma estimativa de μ, qual seria o nível de confiança de que um erro máximo dessa estimativa não seria ultrapassado: $|\bar{x}-\mu|<d$?*

Assim, deseja-se, portanto, determinar α.

Tendo-se d, n e σ, então, determina-se Z, através de 2.12:

$$Z=\frac{d}{\frac{\sigma}{\sqrt{n}}}. \qquad (2.12)$$

Uma vez que se tenha o valor de Z, por meio da tabela Normal, obtém-se α.

Exemplo 2.4: Suponha que para uma variável X com desvio padrão de 5, em uma amostra de tamanho 36, deseja-se um erro máximo $d < 1,5$. Então, tem-se:

$$d = 1,5; \quad s = 5; \quad n = 36.$$

Usando-se 2.12, tem-se:

$$Z = \frac{1,5}{\frac{5}{\sqrt{36}}} = \frac{1,5}{\frac{5}{6}} = \frac{1,5}{0,833} = 1,8. \tag{2.13}$$

Para $Z = 1,8$, da função da Normal no R, tem-se:

$$\texttt{pnorm(1.8)} = 0,9641 = 1 - \alpha.$$

Logo:

$$\alpha = 1 - 0,9641 = 0,0359.$$

Tem-se, portanto:

$$P(|\bar{x} - \mu| > 1,5) = 0,0359 \quad \text{ou} \quad 3,59\%.$$

Caso se deseje uma probabilidade de 5%, pode-se reduzir o tamanho da amostra. Qual seria esse tamanho, é visto agora no próximo item.

b) Determinação do Tamanho da Amostra para um dado Nível de Confiança

Neste caso, a questão a responder seria outra:

> *Qual é o tamanho de amostra (n) que garante um valor máximo pré-definido para o erro (d) dessa estimativa, para um dado nível de confiança pré-estabelecido?*

Neste caso, tem-se d, σ e α, e deseja-se determinar n.

$$d = \frac{Z \cdot \sigma}{\sqrt{n}} \quad \Rightarrow \quad d \cdot \sqrt{n} = Z \cdot \sigma \quad \Rightarrow \quad \sqrt{n} = \frac{Z \cdot \sigma}{d}. \tag{2.14}$$

Portanto:

$$n = \left(\frac{Z \cdot \sigma}{d}\right)^2. \tag{2.15}$$

Caso não se tenha o desvio padrão σ, este pode ser substituído por sua estimativa, s, chegando-se a:

$$n = \left(\frac{Z \cdot s}{d}\right)^2. \tag{2.16}$$

Exemplo 2.5: Considere a variável X, com $s = 5$ e, suponha que se deseje $d = 1,5$; e $\alpha = 0,05$. No R tem-se a função `qnorm(·)`, que fornece o valor de Z para um dado valor de $1 - \alpha$. Assim, usando-se essa função, se

$$\alpha = 0,05 \Rightarrow 1 - \alpha = 0,95 \Rightarrow \texttt{qnorm(0.95)} = 1,645.$$

Logo, $Z = 1,645$, e pela aplicação de 2.16, tem-se:

$$n = \left(\frac{1,645 \cdot 5}{1,5}\right)^2 = 30.$$

Para um nível de confiança de 95%, portanto, será necessária uma amostra de 30 observações, para que se tenha um erro máximo de $1,5$.

2.5 Inferência: Estimação de Intervalos de Confiança

Na seção anterior foi vista a estimação pontual de um parâmetro, mas há um ponto adicional a essas estimativas, que é o fato de que estimativas estão sujeitas a erro. Não há uma precisão absoluta. Sempre há uma margem de erro para qualquer estimativa que se faça.

Nesta seção, será visto como determinar essa margem de erro, que na estatística é denominada de Intervalo de Confiança de um parâmetro.

Um intervalo de confiança (IC) estabelece limites de variação para a estimativa, para um dado Nível de Confiança $(1 - \alpha)$ que se estabeleça.

Se o nível $(1 - \alpha)$ é mais alto o IC tem uma amplitude maior. Se é mais baixo, o IC tem amplitude menor. Quanto mais alto o nível de confiança desejado, maior será o IC. Deve-se ter: $0 < \alpha < 1$.

Mas, pode-se também determinar intervalos com apenas um limite de confiança (*one sided interval*). Neste caso, pode-se ter um Limite Inferior de Confiança (*lower bound*) para a estimativa de um parâmetro, assim como, pode-se determinar apenas o Limite Superior de Confiança (*upper bound*).

Todos os limites de confiança, são baseados nas propriedades da curva Normal, e em particular, na Normal Reduzida, $N(0, 1)$, que é a base para determinação de todos esses limites. Os procedimentos para cômputo desses limites serão vistos a seguir.

2.5.1 Intervalos de Confiança

O IC determina dois limites (inferior e superior) para uma dada estimativa. Para estimativas baseadas em amostras diferentes, os ICs terão limites diferentes. Então, o que um IC garante é que uma vez que um IC é calculado ele deverá conter o verdadeiro valor do parâmetro. Mas, isto com um nível de confiança $(1 - \alpha)$ estipulado.

Assim, por exemplo, se $(1 - \alpha)$ for 95%, isto significa que em cada 100 ICs calculados, a partir de 100 amostras distintas, em 95 casos o IC calculado irá conter o verdadeiro valor do parâmetro. Em 5 ICs calculados, o verdadeiro valor do parâmetro poderá estar fora do IC.

2.5.1.1 Intervalo de Confiança para μ

Para se determinar um IC para a média μ de uma variável X, parte-se da seguinte probabilidade, apresentada em 2.17:

$$P\left(-Z_{\alpha/2} \leq Z \leq +Z_{\alpha/2}\right) = 1 - \alpha, \quad (2.17)$$

onde:

$-Z_{\alpha/2}$ = valor de Z para uma probabilidade Normal de $\alpha/2$;

$+Z_{\alpha/2}$ = valor de Z para uma probabilidade Normal de $(1 - \alpha/2)$.

Os valores de $-Z_{\alpha/2}$ e $+Z_{\alpha/2}$ podem ser visualizados na figura 2.6, já apresentada.

Usando-se a expressão de Z, para a média, apresentada em 2.5, e substituindo-se Z em 2.17, tem-se:

$$P\left(-Z_{\alpha/2} \leq \frac{\bar{x} - \mu}{\sigma_{\bar{x}}} \leq +Z_{\alpha/2}\right) = 1 - \alpha. \tag{2.18}$$

De 2.18, chega-se a:

$$P\left(-Z_{\alpha/2} \leq \frac{\bar{x} - \mu}{\frac{\sigma}{\sqrt{n}}} \leq +Z_{\alpha/2}\right) = P\left(-Z_{\alpha/2}\frac{\sigma}{\sqrt{n}} \leq \bar{x} - \mu \leq +Z_{\alpha/2}\frac{\sigma}{\sqrt{n}}\right) = 1 - \alpha. \tag{2.19}$$

E, finalmente, chega-se a 2.20:

$$P\left(\bar{x} - Z_{\alpha/2}\frac{\sigma}{\sqrt{n}} \leq \mu \leq \bar{x} + Z_{\alpha/2}\frac{\sigma}{\sqrt{n}}\right) = 1 - \alpha. \tag{2.20}$$

A expressão de 2.20 é denominada de *um Intervalo de Confiança para a média* μ, *com um nível de confiança de* $(1 - \alpha)$.

E os limites inferior (L_{inf}) e superior (L_{sup}) de IC, ficam assim definidos:

$$L_{inf} = \bar{x} - Z_{\alpha/2}\frac{\sigma}{\sqrt{n}}, \tag{2.21}$$

$$L_{sup} = \bar{x} + Z_{\alpha/2}\frac{\sigma}{\sqrt{n}}. \tag{2.22}$$

E a margem de erro esperada para o nível de confiança $(1 - \alpha)$, será:

$$Erro = Z_{\alpha/2}\frac{\sigma}{\sqrt{n}}. \tag{2.23}$$

Exemplo 2.6: Para um nível de confiança $(1-\alpha)$ de 95%, tem-se:

$$(1-\alpha) = 0,95 \quad \Rightarrow \quad \alpha = 0,05,$$
$$P\left(\bar{x} - Z_{0,05/2}\frac{\sigma}{\sqrt{n}} \leq \mu \leq \bar{x} + Z_{0,05/2}\frac{\sigma}{\sqrt{n}}\right) = 1 - 0,05,$$
$$P\left(\overline{x} - Z_{0,025}\frac{\sigma}{\sqrt{n}} \leq \mu \leq \overline{x} + Z_{0,025}\frac{\sigma}{\sqrt{n}}\right) = 0,95.$$

Da curva Normal, tem-se que $Z_{0,025}$ é correspondente ao nível

$$(1-\alpha/2) = 0,975.$$

Da Tabela Normal, tem-se:

$$\texttt{qnorm}(0,975) = Z_{0,025} = 1,9599.$$

Portanto, o IC de 95% para μ, será:

$$P\left(\overline{x} - 1,96\frac{\sigma}{\sqrt{n}} \leq \mu \leq \overline{x} + 1,96\frac{\sigma}{\sqrt{n}}\right) = 0,95.$$

Tendo-se uma amostra de 100 observações, com $\overline{x} = 10$ e $\sigma = 4$, o IC de 95% de μ, será:

$$P\left(10 - 1,96\frac{4}{\sqrt{100}} \leq \mu \leq 10 + 1,96\frac{4}{\sqrt{100}}\right) = 0,95,$$
$$P\left(10 - 1,96 \cdot 0,4 \leq \mu \leq 10 + 1,96 \cdot 0,4\right) = 0,95,$$
$$P\left(10 - 0,784 \leq \mu \leq 10 + 0,784\right) = 0,95,$$
$$P\left(9,216 \leq \mu \leq 10,784\right) = 0,95.$$

Isto pode ser feito através do R, pelas instruções apresentadas no quadro 2.1:

Quadro 2.1 — Código em R – Cálculo de probabilidades da Distribuição Normal – Exemplo 2.6.

```
### X ~ N (10; 4)
m <- 10 # Média
s <- 4 # Desvio Padrão

### Tamanho da Amostra ###
n <- 100

### Nível de Confiança (NC) ###
alfa<- 0.05 # Probabilidade de erro

NC <- 1-alfa # Nivel de Confiança
NC

alfa_tabela <- NC + (alfa)/2
alfa_tabela

##### NÚMERO DE DESVIOS (z) ...FUNÇÃO qnorm() #####
Z <- qnorm(alfa_tabela)
Z

##### INTERVALO de CONFIANÇA para a Média de X #####
############ ERRO PADRÃO ao NIVEL ALFA #############
erro <- Z*s/sqrt(n)
erro

############ IC de X #############
Lim_Inf_X <- m - erro
Lim_Sup_X <- m + erro

round(Lim_Inf_X,3)
round(Lim_Sup_X,3)

# RESULTADO - Limites Inferior e Superior do IC:
# 9.216
# 10.784
```

Para finalizar esta seção, uma última palavra importante sobre intervalos de confiança. A figura 2.9 ilustra o comportamento de diferentes intervalos calculados para a média μ, a partir de 50 amostras selecionadas de uma mesma população.

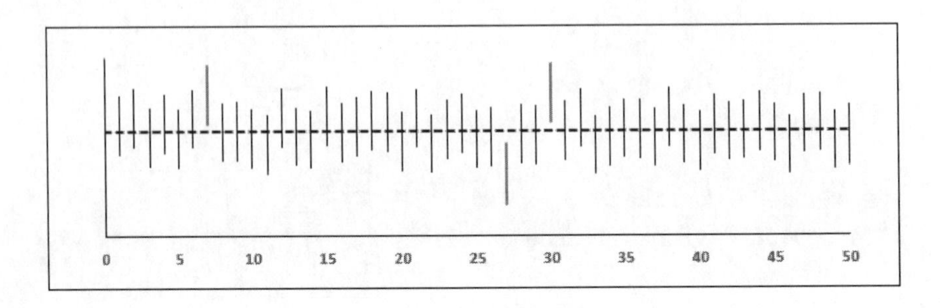

Figura 2.9 — Conjunto de ICs calculados para a média μ.

No exemplo, cada linha vertical corresponde a um IC que foi calculado para uma amostra de dados da População em estudo. A média μ, é a linha horizontal central.

Note que, apenas 3 amostras não estão contendo a Média μ. Essas 3 amostras correspondem a cerca de 5% do total de 50 amostras analisadas.

Se o Nível de Confiança considerado foi de 95%, significa que 95% dos IC's calculados deveriam conter a Média μ. Mas, esta afirmação é válida a "longo prazo". A medida que o número de amostras cresça bastante, isto deve ocorrer.

2.5.2 Limites Inferior e Superior de Confiança

Há dois tipos de limites que serão apresentados nesta seção.

- Limite Inferior de Confiança (LI);
- Limite Superior de Confiança (LS).

2.5.2.1 Limite Inferior de Confiança (LI)

Neste caso, diferentemente de IC, considera-se apenas um lado do intervalo.

Como se deseja um Limite Inferior (*lower bound*), o intervalo inicia nesse limite e será aberto para valores maiores que LI. Será o intervalo $[LI, +\infty]$.

Para um Nível de Confiança, $(1 - \alpha)$, intervalo é representado na figura 2.10.

Note-se, pela figura 2.10, que agora α fica inteiramente abaixo de LI. Não fica mais distribuído em duas partes iguais, como no IC.

O cálculo de um LI para a média μ, será a expressão 2.24:

$$P\left(\mu > \overline{x} - Z_{\alpha}\frac{\sigma}{\sqrt{n}}\right) = 1 - \alpha. \tag{2.24}$$

Note-se que agora se trabalha com Z_{α} e não com $Z_{\alpha/2}$, como no IC.

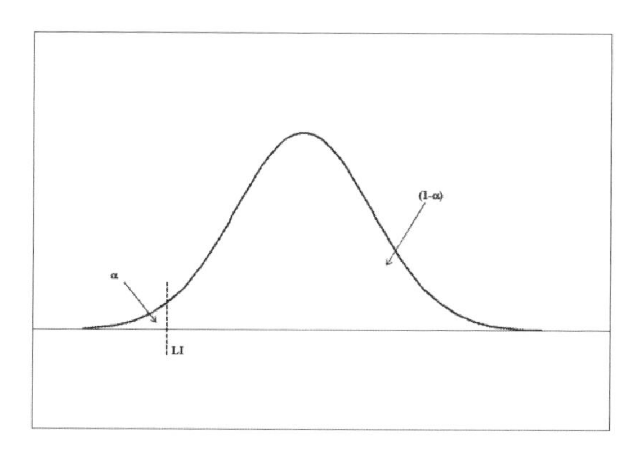

Figura 2.10 — Representação de LI na curva Normal.

Exemplo 2.7: Considerando-se os dados do exemplo anterior, com uma amostra de 100 observações, com $\overline{x} = 10$ e $\sigma = 4$, o LI de 95% de μ, será:

$$P\left(\mu > \overline{x} - Z_{0,05}\frac{4}{\sqrt{100}}\right) = 1 - 0,05.$$

Da curva Normal, tem-se que $Z_{0,05}$ é correspondente ao nível $(1 - \alpha) = 0,95$. Da função $\mathtt{pnorm}(\cdot)$ no R, tem-se:

$$\mathtt{pnorm}(0.95) = 1,645 = Z_{0,05}.$$

Logo:

$$P(\mu > 10 - 1,645 \cdot 0,4) = 0,95,$$
$$P(\mu > 10 - 0,658) = 0,95,$$
$$P(\mu > 9,342) = 0,95.$$

2.5.2.2 Limite Superior de Confiança (LS)

Neste caso, como se deseja um Limite Superior (*upper bound*), o intervalo termina nesse limite e será aberto para valores menores que LS. Será o intervalo $[-\infty, LS]$.

Para um Nível de Confiança, $(1 - \alpha)$, intervalo de LS é representado na figura 2.11.

Note que agora α fica inteiramente acima de LS, não ficando mais distribuído em duas partes iguais, como ocorre no IC.

O cálculo de um LS para a média μ, será:

$$P\left(\mu \leq \bar{x} + Z_{\alpha}\frac{\sigma}{\sqrt{n}}\right) = 1 - \alpha. \tag{2.25}$$

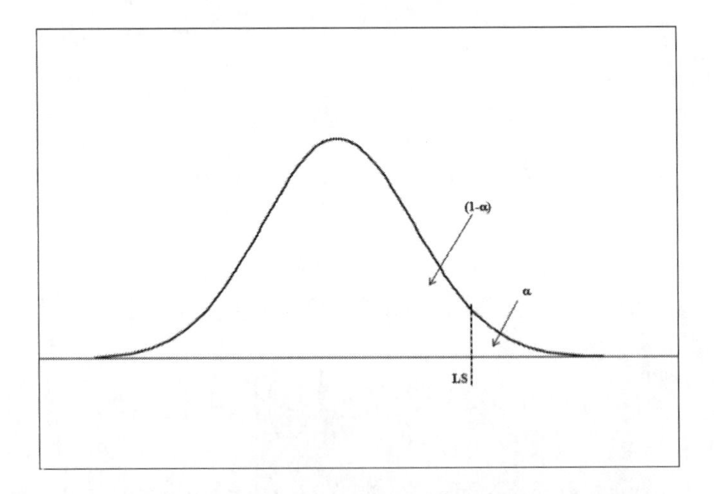

Figura 2.11 — Representação de LS na curva Normal.

Exemplo 2.8: Considerando-se novamente os dados do exemplo, com uma amostra de 100 observações, com $\overline{x} = 10$ e $\sigma = 4$, o LS de 95% de μ, será:

$$P\left(\mu \leq 10 + 1,645.\frac{4}{\sqrt{100}}\right) = 1 - 0,05,$$
$$P(\mu \leq 10 + 1,645 \cdot 0,4) = 0,95,$$
$$P(\mu \leq 10 + 0,658) = 0,95,$$
$$P(\mu \leq 10,658) = 0,95.$$

Observação: Relações entre IC, α e n. O comprimento de um IC para a média varia com o nível de confiança α e com o tamanho da amostra. Assim, tem-se:

a) Para um dado tamanho de amostra (n) o comprimento do IC, cresce à medida que o Nível de Confiança $(1-\alpha)$ desejado aumenta, o que leva $Z_{\alpha/2}$ a aumentar (vide figura 2.12).

b) Agora, para um valor fixo do Nível de Confiança $(1 - \alpha)$, o comprimento de IC diminui à medida que o tamanho da amostra (n) cresce. Quanto maior a amostra, menor será o intervalo de confiança.

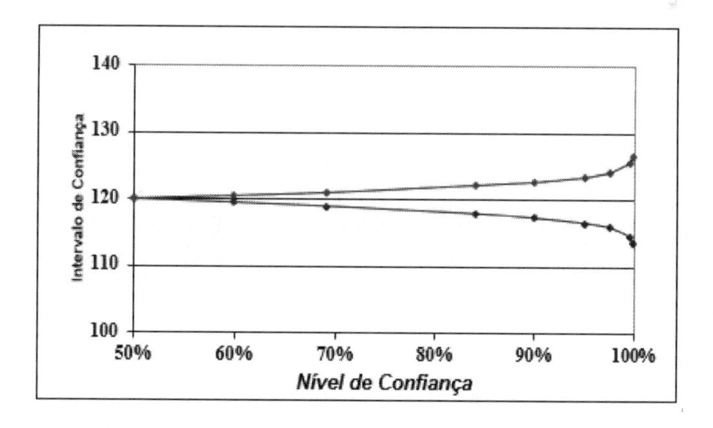

Figura 2.12 — Amplitude dos Intervalos de Confiança *vs.* Nível de Confiança.

2.6 Inferência: Testes de Hipótese

Na seção anterior foi visto como se estimar parâmetros de uma população a partir de amostras e como definir limites de confiança para esses parâmetros. Mas, uma outra forma de se olhar para a população de uma dada variável X é procurar descobrir se é possível se fazer certas afirmações sobre os seus parâmetros.

Em alguns casos pode ser mais conveniente supor um certo valor para um parâmetro e depois com os dados da amostra verificar se aquela hipótese era verdadeira ou falsa.

Assim, por exemplo, suponha um fabricante de computadores que tem especificado segundo o projeto da engenharia, que os computadores devem ter em média um peso de 1,1 kg. Foi feita a montagem de um lote de 2000 unidades desse produto em que a área de produção percebeu que algo saiu errado, e que os equipamentos aparentemente estão acima do peso. Será que a partir de uma amostra de unidades desse lote, pode-se afirmar que o lote produzido, não está atendendo a especificação de peso?

De forma geral, portanto, ocorrem muitos casos como esse em que surge a necessidade de se saber se a partir de uma amostra pode-se afirmar algo sobre os parâmetros da população.

No caso desses computadores, o fabricante deseja testar as seguintes hipóteses:

$$H_0 : \mu = 1,1 \quad vs. \quad H_a : \mu > 1,1. \tag{2.26}$$

Basicamente, é desta forma que se define um Teste de Hipótese. A hipótese H_0 é denominada de Hipótese Nula e H_a é chamada de Hipótese Alternativa.

Para se testar uma hipótese seleciona-se uma amostra da população em estudo e estabelece-se uma estatística ou um intervalo, que deverão ser calculados, que irão permitir a rejeição ou não da hipótese nula. Com isso, está-se fazendo um outro tipo de inferência sobre a população, diferente da estimação de parâmetros.

Dois tipos de erros podem ser cometidos quando se testa uma hipótese:

- Erro Tipo I: H_0 é rejeitada quando H_0 é verdadeira;
- Erro Tipo II: H_0 não é rejeitada quando H_0 é falsa.

As probabilidades desses dois tipos de erro, são dadas por:

$$\alpha = P\,(\text{erro tipo I}) = P\left(\frac{\text{rejeitar } H_0}{H_0 \text{ é verdadeira}}\right), \tag{2.27}$$

$$\beta = P\,(\text{erro tipo II}) = P\left(\frac{\text{não rejeitar } H_0}{H_0 \text{ é falsa}}\right). \tag{2.28}$$

Define-se também o poder do teste:

$$\text{Poder} = 1 - \beta = P\left(\frac{\text{rejeitar } H_0}{H_0 \text{ é falsa}}\right). \tag{2.29}$$

Os Testes de Hipótese, em geral, são constituídos de forma a minimizar P(erro tipo I), e para isto, estabelecem um valor máximo para α:

$$P\,(\text{erro tipo I}) \leq \alpha, \tag{2.30}$$

onde:

$$\alpha = \text{nível de significância do teste.}$$

Definido o nível de significância α, os testes são desenhados de forma que β seja tão pequeno quanto possível.

Esses testes são denominados de testes ao nível α.

Para um teste ao nível $\alpha = 0,05$, a probabilidade de que haverá um erro quando se rejeita H_0 (afirmar que H_a é verdadeira) será menor ou igual a 0,05.

Os testes partem da hipótese de que a variância σ^2 da população é conhecida. Quando isto não ocorre, utiliza-se uma estimativa s^2 de σ^2, e o procedimento do teste tem uma mudança, como será visto mais adiante.

Os testes podem ser executados por meio de dois tipos de abordagem:

- abordagem de limites de confiança ou,
- abordagem de teste estatístico.

As duas abordagens levam aos mesmos resultados. A escolha entre uma e outra é apenas uma questão de conveniência. Estas duas abordagens serão vistas na sequência para um teste de média da população.

2.6.1 Testes para μ

Para a Média da População (μ), pode-se ter três tipos de Teste

$$H_0 : \mu \leq \mu_0 \quad vs. \quad H_a : \mu > \mu_0, \tag{2.31}$$
$$H_0 : \mu \geq \mu_0 \quad vs. \quad H_a : \mu < \mu_0, \tag{2.32}$$
$$H_0 : \mu = \mu_0 \quad vs. \quad H_a : \mu \neq \mu_0, \tag{2.33}$$

onde:

$$\mu_0 = \text{valor qualquer a se testar.}$$

Os dois tipos de abordagem para estes testes são apresentados na sequência.

2.6.2 Teste de Hipótese via Limites de Confiança

Este tipo de abordagem do teste toma por base os limites de confiança da média, LI (*lower bound*) e LS (*upper bound*), vistos nas seções 2.5.2.1 e 2.5.2.2 ou o intervalo de confiança da média, visto na seção 2.5.1.1.

Os testes 2.31 a 2.33, ficam, conforme apresentados a seguir:

- **Tipo 1** (teste 2.31):

$$H_0 : \mu \leq \mu_0 \quad vs. \quad H_a : \mu > \mu_0.$$

Este teste toma por base o Limite Inferior de Confiança (LI) de μ.

H_0 deve ser rejeitada se: $\mu_0 <$ LI, para o nível de significância α definido.

Note na figura 2.10, em que se tem uma representação de LI na curva Normal, a posição de um valor qualquer μ_0 estaria na região de rejeição de H_0, se $\mu_0 < LI$.

- **Tipo 2** (teste 2.32):

$$H_0 : \mu \geq \mu_0 \quad vs. \quad H_a : \mu < \mu_0.$$

Este teste toma por base o Limite Superior de Confiança (LS) de μ.

H_0 deve ser rejeitada se: $\mu_0 > LS$, para o nível de significância α definido.

Veja na figura 2.11, que apresenta uma representação de LS na curva Normal, onde se tem a região de rejeição de H_0. O valor μ_0 deve estar acima de LS.

- **Tipo 3** (teste 2.33):

$$H_0 : \mu = \mu_0 \quad vs. \quad H_a : \mu \neq \mu_0.$$

Este teste toma por base o Intervalo de Confiança (IC) de μ.

H_0 deve ser rejeitada se: $\mu_0 < L_{inf}$ ou $\mu_0 > L_{sup}$, para o nível de significância α definido.

Veja na figura 2.13 as regiões de rejeição de H_0, se encontram abaixo de L_{inf} e acima de L_{sup}. O valor μ_0 deve estar numa daquelas regiões para H_0 ser rejeitada.

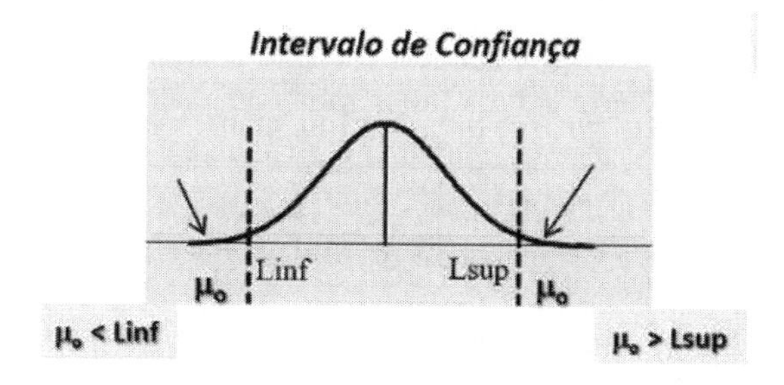

Figura 2.13 — Teste Tipo 3 para μ.

Em síntese, tem-se as seguintes regras para rejeição de H_0:

Tabela 2.3 — Regras para rejeição de H_0 – Testes por Limites de Confiança.

Teste	Região de Rejeição de H_0
H_0: $\mu \leq \mu_o$	Rejeitar H_0 se: $\mu_o < LI$ (2.34)
H_0: $\mu \geq \mu_o$	Rejeitar H_0 se: $\mu_o > LS$ (2.35)
H_0: $\mu = \mu_o$	Rejeitar H_0 se: $\mu_o < L_{inf}$ ou $\mu_o > L_{sup}$ (2.36)

Exemplo 2.9: Neste exemplo serão utilizados dos dados do exemplo 2.6 para exemplificar os três tipos de teste da tabela 2.3.

Dados: amostra de 100 observações, com $\overline{x} = 10$ e $\sigma = 4$.

Testando, $H_0 : \mu \leq \mu_0$.

Considere $\mu_0 = 9,0$.

O LI de 95% de μ, para esses dados já foi calculado no exemplo 2.7, como:

$$LI = \overline{x} - Z_{0,05}\frac{4}{\sqrt{100}} = 10 - 1,645 \cdot 0,4 = 9,342.$$

Portanto, deve-se rejeitar H_0, ao nível de significância de 5%, pois $\mu_0 < 9,342$.

Testando agora, $H_0 : \mu \geq \mu_0$.

Considere novamente $\mu_0 = 9,0$.

O LS de 95% de μ, para esses dados já foi calculado no exemplo 2.8, como:

$$LS = \overline{x} + Z_{0,05}\frac{4}{\sqrt{100}} = 10 + 1,645 \cdot 0,4 = 10,658.$$

Portanto, neste caso, não se tem evidência para rejeitar H_0 pois, $\mu_0 = 9,0$, não é maior que $LS = 10,658$.

E finalmente, testando $H_0 : \mu = \mu_0$.

E considerando mais uma vez, $\mu_0 = 9,0$.

O IC de 95% de μ, para esses dados já foi calculado no exemplo 2.6, como:

$$IC = \overline{x} \pm Z_{0,025} \frac{4}{\sqrt{100}} = 10 \pm 1,96 \cdot 0,4 = 10 \pm 0,784.$$

Assim, o IC de 95% para μ, resultou em: $9,216 \leq \mu \leq 10,784$.

Portanto, deve-se rejeitar H_0, ao nível de significância de 5%, pois $\mu_0 = 9,0$ se encontra fora do intervalo de confiança de μ, uma vez que μ_0 é menor que o limite inferior de IC ($\mu_0 < 9,216$).

2.6.3 Teste de Hipótese via Teste Estatístico

Esta abordagem de teste faz uso de uma estatística que é calculada a partir dos limites de confiança e intervalo de confiança, conforme será visto a seguir.

Para explicar esse procedimento, considere o teste expresso em 2.37:

$$H_0 : \mu \leq \mu_0 \quad vs. \quad H_a : \mu > \mu_0. \tag{2.37}$$

Conforme já visto na abordagem anterior, em 2.34, deve-se rejeitar H_0 se: $\mu_0 < LI$, ou substituindo-se LI: rejeitar H_0 se: $\mu_0 < \overline{x} - Z_\alpha \frac{\sigma}{\sqrt{n}}$.

Desenvolvendo-se essa expressão, tem-se

$$Z_\alpha \frac{\sigma}{\sqrt{n}} < \overline{x} - \mu_0, \tag{2.38}$$

ou:

$$Z_\alpha < \frac{\overline{x} - \mu_0}{\frac{\sigma}{\sqrt{n}}}. \tag{2.39}$$

O termo $\frac{\overline{x} - \mu_0}{\frac{\sigma}{\sqrt{n}}}$ é chamado de Z calculado (Z_{calc}):

$$Z_{calc} = \frac{\overline{x} - \mu_0}{\frac{\sigma}{\sqrt{n}}}. \tag{2.40}$$

Se H_0 *for verdadeira, tem-se:* $Z_{calc} \sim N(0,1)$.

De forma análoga definem-se os procedimentos para os outros tipos de testes, e assim, com base nessa estatística, Z_{calc}, executam-se todos os tipos de testes para μ, cujas regras de rejeição são apresentadas abaixo:

Tabela 2.4 — Regras para rejeição de H_0 – Testes Estatísticos.

Teste	Região de Rejeição de H_0	
H_0: $\mu \leq \mu_o$	Rejeitar H_0 se $Z_{calc} > Z_\alpha$	(2.41)
H_0: $\mu \geq \mu_o$	Rejeitar H_0 se $Z_{calc} < - Z_\alpha$	(2.42)
H_0: $\mu = \mu_o$	Rejeitar H_0 se $\lvert Z_{calc} \rvert > Z_{\alpha/2}$	(2.43)

Pela figura 2.14 tem-se uma visualização geral das duas abordagens de testes.

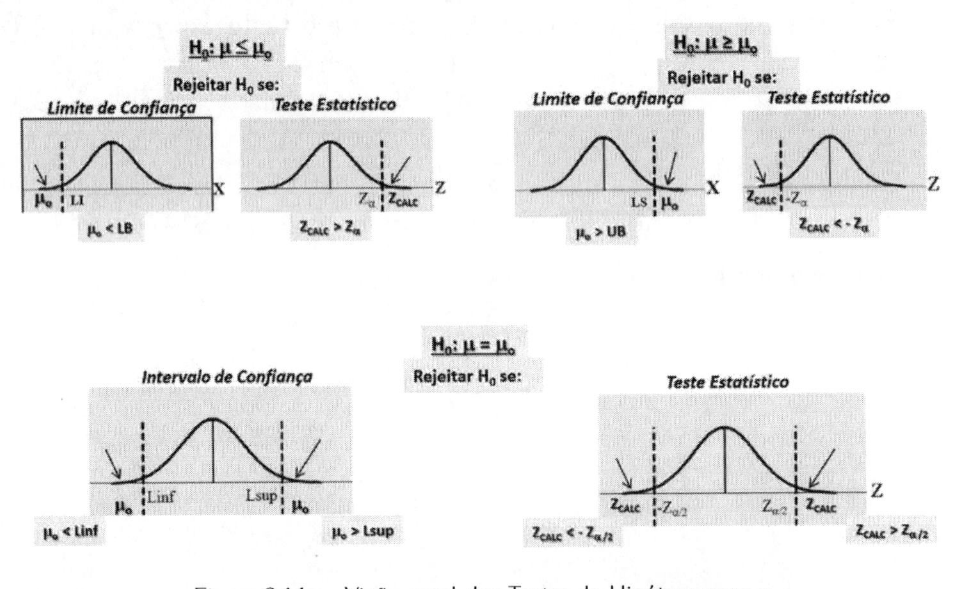

Figura 2.14 — Visão geral dos Testes de Hipótese para μ.

Exemplo 2.10: Considerando novamente os dados do exemplo 2.6, serão aplicados os três tipos de testes estatísticos, e considerando $\mu_0 = 9,0$.

Para este valor de μ_0, o Z_{calc}, fica conforme abaixo:

$$Z_{calc} = \frac{\overline{x} - \mu_0}{\frac{\sigma}{\sqrt{n}}} = \frac{10 - 9,0}{\frac{4}{\sqrt{100}}} = \frac{1,0}{0,4} = 2,5.$$

Testando incialmente, $H_0 : \mu \leq \mu_0$.

Ao nível de $0,05$, tem-se no R: qnorm(0.95) $= 1,645 = Z_{0,05}$. Portanto: $Z_{calc} > Z_{0,05}$.

Logo, rejeita-se H_0 ao nível de significância de $0,05$.

Agora, testando $H_0 : \mu \geq \mu_0$, e considerando $\mu_0 = 9,0$.

Neste caso, tem-se $Z_{calc} > -Z_{0,05}$.

Neste teste, para se rejeitar H_0 seria necessário ter-se $Z_{calc} < -Z_{0,05}$, o que não ocorre neste caso. Assim, não se tem evidências, ao nível de significância de $0,05$, para se rejeitar H_0.

E finalmente, testando $H_0 : \mu = \mu_0$

Aqui tem-se, $|Z_{calc}| > Z_{0,025}$, logo rejeita-se H_0 ao nível de significância de $0,05$.

Note que nos três tipos de teste de hipótese, o resultado dos testes foram os mesmos obtidos quando se usou a abordagem de limites de confiança.

Seja qual for a abordagem o resultado de um teste de hipótese é um só, tem que ser sempre o mesmo.

Estes testes podem ser aplicados em R, pelas instruções apresentadas no quadro 2.2:

Quadro 2.2 — Código em R – Testes de Hipótese.

```
### Testes para a Variável X ~ N(10; 4)

# Biblioteca necessária
install.packages("asbio")
library(asbio)

# Testando H0:  mu ≤ 9.0 vs.  Ha:  mu > 9.0
```

```
one.sample.z(null.mu = 9, xbar = 10, sigma = 4, n = 100,
alternative = 'greater')

# RESULTADO
# One sample z-test
# z* P-value
# 2.5 0.006209665
# CONCLUSÃO: rejeita-se H0 ao nível de 0,05

# Testando H0: mu ≥ 9.0 vs. Ha: mu < 9.0
one.sample.z(null.mu = 9, xbar = 10, sigma = 4, n = 100,
alternative = 'less')

# RESULTADO
# One sample z-test
# z* P-value
# 2.5 0.9937903

# CONCLUSÃO: Não se tem evidências para rejeitar H0

# Testando H0: mu = 9.0 vs. Ha: mu ≠ 9.0
one.sample.z(null.mu = 9, xbar = 10, sigma = 4, n = 100,
alternative = 'two.sided')

# RESULTADO
# One sample z-test
# z*  P-value
# 2.5 0.01241933
# CONCLUSÃO: rejeita-se H0 ao nível de 0,05
```

2.6.4 Comparação entre Médias

Neste caso, suponha que se tenha duas populações, com variâncias conhecidas, e deseja-se testar a hipótese de que há uma diferença de δ unidades entre as médias.

O teste seria:

$$H_0 : \mu_1 - \mu_2 = \delta \quad \text{vs.} \quad H_a = \mu_1 - \mu_2 \neq \delta. \tag{2.44}$$

Para se executar o teste deve-se ter uma amostra de n_1 observações da população 1 e de n_2 observações da população 2. Com isto, calcula-se a seguinte estatística:

$$Z_{calc} = \frac{\overline{x}_1 - \overline{x}_2 - \delta}{\sqrt{\frac{\sigma_1^2}{n_1} + \frac{\sigma_2^2}{n_2}}}. \tag{2.45}$$

As regras de rejeição de H_0 neste teste seriam:

Tabela 2.5 — Regras para rejeição de H_0 – Comparação de Médias.

Teste	Região de Rejeição de H_0	
H_0: $\mu_1 - \mu_2 \leq \delta$	Rejeitar H_0 se $Z_{calc} > -Z_\alpha$	(2.46)
H_0: $\mu_1 - \mu_2 > \delta$	Rejeitar H_0 se $Z_{calc} < -Z_\alpha$	(2.47)
H_0: $\mu_1 - \mu_2 = \delta$	Rejeitar H_0 se $\lvert Z_{calc}\rvert > Z_{\alpha/2}$	(2.48)

Exemplo 2.11: Neste exemplo, faz-se a análise das vendas de um produto (medidas em milhares de unidades) em duas regiões de atuação de uma empresa. Na região 1 tem-se dados de 12 meses e na região 2 de 18 meses, conforme a tabela 2.5. Deseja-se testar se a diferença entre as médias de vendas das duas regiões seria de 10.000 unidades.

Tem-se os seguintes dados:

Média Amostral da Região 1: $\overline{x}_1 = 55,833$.

Desvio Padrão da Região 1: $\sigma_1 = 30$ (conhecido).

Tamanho da Amostra da Região 1: $n_1 = 12$.

Tabela 2.6 — Vendas de Duas Regiões.

Mês	1	2	3	4	5	6	7	8	9	10	11	12	13	14	15	16	17	18
Vendas Região 1 (x1000)	30	70	110	100	70	10	40	50	60	20	40	70	----	----	----	----	----	----
Vendas Região2 (x1000)	60	30	40	50	40	50	70	20	60	10	20	70	10	40	40	70	50	20

Média Amostral da Região 2: $\overline{x}_2 = 41,667$.

Desvio Padrão da Região 2: $\sigma_2 = 20$ (conhecido).

Tamanho da Amostra da Região 2: $n_2 = 18$.

Diferença entre as Médias: $\delta = \mu_1 - \mu_2 = 10$.

O teste será,

$$H_0 : \mu_1 - \mu_2 = 10 \quad \text{vs.} \quad H_a = \mu_1 - \mu_2 \neq 10.$$

Usando-se 2.45, pode-se computar Z_{calc}, conforme abaixo:

$$Z_{calc} = \frac{\overline{x}_1 - \overline{x}_2 - \delta}{\sqrt{\frac{\sigma_1^2}{n_1} + \frac{\sigma_2^2}{n_2}}} = \frac{55,833 - 41,667 - 10}{\sqrt{\frac{30^2}{12} + \frac{20^2}{18}}} = \frac{4,166}{9,860} = 0,4225.$$

A condição de rejeição de H_0, será: $|Z_{calc}| > Z_{\alpha/2}$.

Para um nível de significância $\alpha = 0,05$, tem-se $\alpha/2$ = 0,025, e $Z_{0,025}$ = 1,96.

Conclusão: como se tem $|Z_{calc}| = 0,4225$ e $Z_{0,025}$ = 1,96, então tem-se $|Z_{calc}| < Z_{\alpha/2}$. Logo, não se tem evidências para rejeitar H_0, e vamos aceitar a hipótese alternativa (H_a) que diz que a diferença entre as médias de vendas nas duas regiões é de 10.000 unidades.

Este teste pode ser aplicado em R, pelas instruções apresentadas no quadro 2.3.

Quadro 2.3 — Código em R – Testes de Hipótese – Comparação de Duas Médias.

```
#        -------- COMPARAÇÃO de DUAS MEDIAS --------
# ---- VENDAS de um Produto (medida em milhares de unidades)
#        em 2 REGIOES ----

# REGIÃO 1:  Dados de 12 meses
Regiao1 <- c(30, 70, 110, 100, 70, 10, 40, 50, 60, 20, 40, 70)
# REGIÃO 2:  Dados de 18 meses
Regiao2 <- c(60, 30, 40, 50, 40, 50, 70, 20, 60, 10, 20, 70, 10,
         40, 40, 70, 50,20)
```

```
# Teste de Diferença de 10.000 unidades entre as
#         Médias das Regiões
# H0: mu1 — mu2 = delta_Vendas vs H0: mu1 — mu2 ! = delta_Vendas

delta_Vendas <- 10

# Desvios Padrões das 2 Regiões (diferentes)
Sigma1 <- 30
Sigma2 <- 20

# -------- Bibliotecas Necessárias - PACOTE "BSDA" --------
install.packages("BSDA")
library(BSDA)

Teste_Z_Vendas <- z.test(x=Regiao1, y=Regiao2, mu=delta_Vendas,
        sigma.x=Sigma1, sigma.y=Sigma2,alternative =
"two.sided")
Teste_Z_Vendas

# RESULTADO
# Teste_Z_Vendas
# # Two-sample z-Test
# # data:  Regiao1 and Regiao2
# z = 0.42258, p-value = 0.6726
# alternative hypothesis:  true difference in means is not equal
to 10
# 95 percent confidence interval:
# -5.158839 33.492172
# sample estimates:
# mean of x mean of y
# 55.83333 41.66667

# CONCLUSÃO: Não se tem evidências para rejeitar H0,
#         pois p-value > 0,05

# Os resultados do teste podem ser obtidos de forma individual
Teste_Z_Vendas$statistic
Teste_Z_Vendas$conf.int
Teste_Z_Vendas$p.value
```

```
Teste_Z_Vendas$estimate
Teste_Z_Vendas$null.value
Teste_Z_Vendas$alternative
Teste_Z_Vendas$method
Teste_Z_Vendas$data.name

# Considerando Diferença entre Médias = 35
delta_Vendas2 <- 35
Teste_Z_Vendas2 <- z.test(x=Regiao1, y=Regiao2,
    mu=delta_Vendas2, sigma.x=30, sigma.y=20,
    alternative = "two.sided")
Teste_Z_Vendas2

# RESULTADO
#
# Two-sample z-Test
#
# data:  Regiao1 and Regiao2
# z = -2.1129, p-value = 0.03461
# alternative hypothesis:true difference in means is
#          not equal to 35
# 95 percent confidence interval:
# -5.158839 33.492172
# sample estimates:
# mean of x mean of y
# 55.83333 41.66667

# CONCLUSÃO:
# Rejeita-se H0 ao nível de significância de 0,05
#         (p-value < 0,05)
```

2.6.5 Testes com Pequenas Amostras e Variância Desconhecida

Muitas vezes não se conhece a variância σ^2 da população, e o tamanho da amostra é pequeno, $n < 30$. Nestes casos, a suposição de que a estatística do teste de hipótese segue uma Normal, não é válida, então utiliza-se uma estatística baseada na distribuição "t" de Student

Esta é uma distribuição semelhante à Normal, que se ajusta muito bem a amostras pequenas. E à medida que a amostra cresce, a distribuição t se aproxima de uma Normal.

Nesses testes trabalha-se com t_{calc}, cujo cálculo é apresentado em 2.49:

$$t_{calc} = \frac{\overline{x} - \mu_0}{\frac{\sigma}{\sqrt{n}}}, \qquad (2.49)$$

$t_{calc} \sim$ Distribuição t, se H_0 for verdadeira.

A distribuição t é tabelada da mesma forma que a Normal, mas as probabilidades dependem dos chamados Graus de Liberdade (GL) de t.

Os graus de liberdade (*degrees of freedom - df*), correspondem ao número de **componentes independentes de informação** que estão disponíveis (número de dimensões disponíveis), para se estimar um parâmetro.

Cada vez que um parâmetro é estimado, através de uma combinação linear ou não linear dos dados da amostra, perde-se 1 grau de liberdade *(porque cada combinação dos dados é uma restrição que se coloca na distribuição).*

GL será no mínimo $n - 1$. Sempre se perde 1 grau de liberdade, pois ao se estimar frequências, por exemplo, de $n - 1$ classes, a última já estará definida, por diferença, pois a soma tem que ser sempre 1 (100%). Se além disso, p parâmetros forem estimados, então GL será $n - 1 - p$.

OBS: *Pode-se pensar em GL como um espaço multidimensional. Se tivermos k graus de liberdade, então o espaço será de k-dimensões. Cada vez que se usa uma dimensão do espaço, perde-se 1 grau de liberdade.*

Quando se estima uma média de uma amostra de tamanho n, tem-se: $GL = n - 1$.

A aplicação do teste t, deve seguir os mesmos procedimentos do teste Z:

a) Computar t_{calc}.

b) Definir o nível α de significância do teste.

c) Comparar t_{calc} com o valor tabelado de $t_{\alpha;n-1}$,

(t_{n-1} = valor de t com nível α de significância e $n-1$ graus de liberdade.)

d) Aplicar regras de rejeição de H_0, conforme apresentado na tabela 2.7:

O valor de $t_{\alpha;n-1}$ pode ser obtido no R por meio da função: `qt()`.

Tabela 2.7 — Regras para rejeição de H_0 – Teste t de Student.

Teste	Região de Rejeição de H_0	
H_0: $\mu \leq \mu_o$	Rejeitar H_0 se $t_{calc} > t_{\alpha;\, n-1}$	(2.50)
H_0: $\mu \geq \mu_o$	Rejeitar H_0 se $t_{calc} < - t_{\alpha;\, n-1}$	(2.51)
H_0: $\mu = \mu_o$	Rejeitar H_0 se $\lvert t_{calc} \rvert > t_{\alpha;\, n-1}$	(2.52)

Há também um teste baseado na distribuição t, para comparação de médias, que deve ser aplicado quando as variâncias das populações são desconhecidas.

Inicialmente, será apresentado o procedimento deste teste t, para o caso em que as variâncias das duas populações são desconhecidas, porém, iguais: $\sigma_1^2 = \sigma_2^2$.

Neste caso, a variância estimada, é uma variância combinada (*pooled variance*), s_p^2, entre as duas populações, conforme 2.53:

$$s_p^2 = \frac{(n_1 - 1)\, s_1^2 + (n_2 - 1)\, s_2^2}{n_1 + n_2 - 2}, \tag{2.53}$$

onde:

s_1^2 = variância amostral da população 1,

s_2^2 = variância amostral da população 2.

A estatística para o teste corresponde à expressão 2.54:

$$t_{calc} = \frac{\overline{x}_1 - \overline{x}_2 - \delta}{s_p\sqrt{\frac{1}{n_1} + \frac{1}{n_2}}}. \tag{2.54}$$

Neste teste, compara-se t_{calc} com t tabulado, com $(n_1 - 1) + (n_2 - 1)$ graus de liberdade

As regiões de rejeição de H_0 neste caso, não se alteram em relação ao teste anterior.

Quando não se puder assumir que as variâncias são iguais, então há uma alteração na estatística t_{calc}, conforme 2.55:

$$t_{calc} = \frac{\overline{x}_1 - \overline{x}_2 - \delta}{\sqrt{\frac{s_1^2}{n_1} + \frac{s_2^2}{n_2}}}. \tag{2.55}$$

As regiões de rejeição de H_0 neste caso, não se alteram em relação aos testes anteriores.

Os graus de liberdade para t, neste caso, são computados por 2.56:

$$GL = \frac{\left(\frac{s_1^2}{n_1} + \frac{s_2^2}{n_2}\right)^2}{\frac{\left(s_1^2/n_1\right)^2}{n_1+1} + \frac{\left(s_2^2/n_2\right)^2}{n_2+1}} - 2. \tag{2.56}$$

É pouco provável que o resultado de GL calculado por 2.56 venha a ser um número inteiro de graus de liberdade, então pode-se fazer um arredondamento de GL para o inteiro mais próximo, ou pode-se fazer uma interpolação entre os valores de **t** tabelado. Assim, por exemplo, se $GL = 5,4$, verifica-se na tabela os valores de **t** para $GL = 5$ e $GL = 6$, e faz-se uma interpolação entre eles.

Exemplo 2.12: Considerando-se a região 1 do exemplo 2.11, tem-se os seguintes dados:

Média Amostral da Região 1: $\overline{x}_1 = 55,833$.

Desvio Padrão da Região 1: $\sigma_1 = 30$.

Tamanho da Amostra da Região 1: $n_1 = 12$.

Deseja-se verificar se a média da região pode ser igual a 30.

Logo, o teste será, $H_0 : \mu = 30 \quad vs. \quad H_a : \mu \neq 30$.

Rejeitar H_0 se $|t_{calc}| > t_{\alpha;n-1}$.

Calcula-se t_{calc} por meio de 2.49, conforme abaixo:

$$t_{calc} = \frac{\overline{x} - \mu_0}{\frac{\sigma}{\sqrt{n}}} = \frac{55,833 - 30}{\frac{30,289}{\sqrt{12}}} = 2,9545.$$

OBS: *No R a função do teste* t *usa o desvio padrão da amostra, então aqui foi adotado* $\sigma = 30,289$*, ao invés do número redondo* $\sigma = 30$*, que foi usado no exemplo 2.11, para que depois possa-se comprar o resultado obtido aqui com o resultado da aplicação do teste no R, que será feita em seguida.*

$\sigma = 30,289$*, é o valor que se obtém ao se calcular o desvio padrão com os dados da amostra da região 1.*

Para um nível de significância de 0,05, considerando o teste bicaudal, pela função qt() no R, faz-se

$$\texttt{qt(0.05/2, 11, lower.tail} = \texttt{F)} = 2.201 = t_{0,05/2,11}.$$

O mesmo resultado pode ser obtido com:

$$\texttt{qt(0.975, 11, lower.tail} = \texttt{T)} = 2,201.$$

Portanto,

$$t_{calc} > t_{0,05/2,11}.$$

Conclusão: rejeita-se H_0 ao nível de significância de 0,05.

O teste pode ser aplicado diretamente em R, pela instrução do quadro 2.4:

Quadro 2.4 — Código em R – Testes de Hipótese – Teste t.

```
t.test(Regiao1, mu = 30, conf.level = 0.95,
       alternative = 'two.sided')

# RESULTADOS
# One Sample t-test
#
# data:  Regiao1
# t = 2.9545, df = 11, p-value = 0.013
# alternative hypothesis:  true mean is not equal to 30
# 95 percent confidence interval:
# 36.58861 75.07805
# sample estimates:
# mean of x
# 55.83333
#
```

Exemplo 2.13: Considerando-se as regiões 1 do exemplo 2.11, tem-se os seguintes dados:

Média Amostral da Região 1: $\overline{x}_1 = 55,833$.

Desvio Padrão da Região 1: $\sigma_1 = 30$.

Tamanho da Amostra da Região 1: $n_1 = 12$.

Média Amostral da Região 2: $\overline{x}_2 = 41,667$.

Desvio Padrão da Região 2: $\sigma_2 = 20$.

Tamanho da Amostra da Região 2: $n_2 = 18$.

Diferença entre as Médias: $\delta = \mu_1 - \mu_2 = 10$.

Usando-se 2.55, pode-se computar t_{calc}, conforme abaixo:

$$t_{calc} = \frac{\overline{x}_1 - \overline{x}_2 - \delta}{\sqrt{\frac{\sigma_1^2}{n_1} + \frac{\sigma_2^2}{n_2}}} = \frac{55,833 - 41,667 - 10}{\sqrt{\frac{30^2}{12} + \frac{20^2}{18}}} = \frac{4,166}{9,860} = 0,4225.$$

Compara-se t_{calc} com t tabulado. Os graus de liberdade são calculados por 2.56, e chega-se a $GL = 18,52$. Arredondando-se tem-se $GL = 19$. Para um nível de significância de 0,05, considerando o teste bicaudal, pela função qt() no R, faz-se

$$\texttt{qt}(0.05/2, 19, \texttt{lower.tail} = \texttt{F}) = 2.093 = t_{0,05/2,19}.$$

O mesmo resultado pode ser obtido com:

$$\texttt{qt}(0.975, 19, \texttt{lower.tail} = \texttt{T}) = 2.093.$$

Portanto,

$$t_{calc} < t_{0,025,19}.$$

Conclusão: Não se tem evidências para rejeitar H_0, e aceita-se então, a hipótese alternativa (H_a) que diz que a diferença entre as médias de vendas nas duas regiões é de 10.000 unidades.

Este teste pode ser aplicado em R, pelas instruções apresentadas no quadro 2.5:

Quadro 2.5 — Código em R – Testes de Hipótese – Teste t para duas Médias.

```
t.test(Regiao1, Regiao2, mu = 10, conf.level = 0.95,
alternative = 'two.sided')

# RESULTADO
# Welch Two Sample t-test
#
# data:  Regiao1 and Regiao2
# t = 0.41911, df = 17.419, p-value = 0.6803
# alternative hypothesis:  true difference in means is not equal
to 10
# 95 percent confidence interval:
# -6.770187 35.103521
# sample estimates:
# mean of x mean of y
# 55.83333 41.66667
```

Neste caso, o R usa o teste t de Welch, que é uma modificação do teste t de Student para ver se duas médias amostrais são significativamente diferentes. A modificação é nos graus de liberdade utilizados no teste, o que tende a aumentar o poder do teste para amostras com variâncias desiguais. Note que no R os graus de liberdade do teste foram $GL = 17,419$, que representa uma pequena diferença em relação ao cálculo anterior, pela expressão 2.56, em que se obteve $GL = 18,52$. E o mesmo ocorre com t_{calc}, que pelo cálculo anterior era de $0,4225$, e pelo R, resultou em $0,41911$.

3

MODELOS ESTATÍSTICOS PARA ANÁLISE DE VARIÂNCIA

Este capítulo trata das questões associadas a casos em que se deseja avaliar o impacto de um ou mais fatores nos resultados de uma dada variável. Deseja-se saber se o fator tem ou não influência na variável. Isto é feito por meio de experimentos planejados, e há toda uma área da estatística dedicada a esse tema, que é chamada de planejamento de experimentos ou delineamento de experimentos ou mesmo projeto de experimento. Em inglês o termo utilizado é *Design of Experiments*.

Essas análises são baseadas em variâncias das variáveis e por isso o capítulo tem início com duas seções tratando de variâncias. Na sequência, nas seções 3.3 a 3.5, trata-se da questão do impacto de um ou mais fatores nas respostas de uma variável de interesse.

3.1 Inferências sobre a Variância da População

No que se trata de inferências sobre a variância de uma população, tem-se os mesmos três pontos fundamentais já vistos para o caso da média:

- Estimação Pontual da Variância;
- Limites de Confiança para a Variância e;

- Testes de Hipótese sobre a Variância.

Estes três tópicos serão apresentados nesta seção.

a) Estimação Pontual da Variância

Sobre esta questão, já foi visto na seção 1.4 que um estimador pontual para a variância da população (σ^2) é a variância calculada (s^2) com base em uma amostra aleatória de tamanho n, extraída dessa população. Esta é a variância amostral. A estimação pontual da variância, portanto, já está resolvida.

b) Limites de Confiança para a Variância

Para se definir esse intervalo de confiança é necessário conhecer a distribuição amostral da variância, que apresenta um comportamento distinto da média amostral.

Pode-se demonstrar que a estatística apresentada em 3.1, tem o comportamento de uma distribuição Qui-Quadrado (χ^2) com $n-1$ graus de liberdade.

$$\chi^2 = \frac{(n-1)\,s^2}{\sigma^2}. \tag{3.1}$$

A distribuição χ^2 tem algumas propriedades:

a) Está situada no lado positivo do eixo horizontal;

b) Em geral, é não simétrica;

c) A medida que n cresce, a estatística expressa em 3.1 tende para uma distribuição Normal, com média $n-1$.

d) A curva de χ^2 varia com os graus de liberdade.

Para se ter um IC com nível de confiança $(1-\alpha)$ parte-se da expressão:

$$\chi^2_{n-1;1-\alpha/2} \leq \frac{(n-1)\,s^2}{\sigma^2} \leq \chi^2_{n-1;\alpha/2}. \tag{3.1}$$

E chega-se a um IC com $(1-\alpha)$ de confiança para a variância σ^2, com os limites inferior $(L_{inf;\alpha})$ e superior $(L_{sup;\alpha})$ definidos, conforme 3.2.

$$\frac{(n-1)\,s^2}{\chi^2_{n-1;\alpha/2}} \leq \sigma^2 \leq \frac{(n-1)\,s^2}{\chi^2_{n-1;1-\alpha/2}}. \tag{3.2}$$

Um Limite Superior de Confiança (LS_σ) para σ^2, pode ser calculado por 3.3:

$$0 \leq \sigma^2 \leq \frac{(n-1)\,s^2}{\chi^2_{n-1;1-\alpha}}. \tag{3.3}$$

E o Limite Inferior de Confiança (LI_σ) para σ^2, pode ser calculado por 3.4:

$$\frac{(n-1)\,s^2}{\chi^2_{n-1;\alpha}} \leq \sigma^2 \leq \infty. \tag{3.4}$$

No R os valores de χ^2, podem ser obtidos pela função: `qchisq()`.

Exemplo 3.1: Seja uma amostra com tamanho $n = 12$ e $s^2 = 1,56$, e deseja-se construir um IC de 90% de confiança para σ.

Da função de χ^2, do R, para $GL = 12 - 1 = 11$, tem-se:

$$\texttt{qchisq}(0.95, \texttt{df} = 11) = 19.675.$$

Portanto:

$$\chi^2_{11;0,95} = 19,675.$$

E para $\alpha = 0,05$, tem-se:

$$\texttt{qchisq}(0.05, \texttt{df} = 11) = 4,575.$$

Portanto:

$$\chi^2_{11;0,05} = 4,575.$$

O IC para σ^2, será:

$$\frac{(11)\cdot 1,56^2}{19,675} \leq \sigma^2 \leq \frac{(11)\cdot 1,56^2}{4,575},$$
$$0,873 \leq \sigma^2 \leq 3,753.$$

Como se deseja um IC para s, deve-se extrair a raiz quadrada dos limites de IC, e portanto, tem-se:

$$0,934 \leq \sigma \leq 1,937.$$

c) Testes de Hipótese sobre a Variância

Neste caso, pode-se trabalhar com as duas abordagens vistas nos ICs para médias:

- Abordagem por Limites de Confiança;
- Abordagem por Teste Estatístico.

As duas abordagens são apresentadas a seguir.

c_1) Abordagem por Limites de Confiança

Aqui valem as mesmas regras de rejeição de H_0 vistos na seção 2.6.2, e reproduzidos na tabela 3.1:

Tabela 3.1 — Testes para σ^2 – Regras para rejeição de H_0.

Teste	Região de Rejeição de H_0	
H_0: $\sigma^2 \leq \sigma_o^2$	Rejeitar H_0 se: $\sigma_o^2 < LI_\sigma$	(3.5)
H_0: $\sigma^2 \geq \sigma_o^2$	Rejeitar H_0 se: $\sigma_o^2 > LS_\sigma$	(3.6)
H_0: $\sigma^2 = \sigma_o^2$	Rejeitar H_0 se: $\sigma_o^2 < L_{inf;\sigma}$ ou $\sigma_o > L_{sup;\sigma}$	(3.7)

Exemplo 3.2: Deseja-se testar se $s = 2$ em uma amostra de $n = 12$ e $s^2 = 1,56$, ao nível $\alpha = 0,10$,

$$H_0 : \sigma = 2,0 \quad vs. \quad H_a : \sigma \neq 2,0.$$

Constrói-se um IC de 90% de confiança para s^2. E aplica-se a regra de rejeição. Se o valor 2,0 estiver fora do IC, rejeita-se H_0. O IC para σ, já foi construído no exemplo 3.1, tendo resultado em:

$$0,934 \leq \sigma \leq 1,937.$$

Logo, rejeita-se H_0 ao nível de significância $\alpha = 0,10$, pois o valor $\sigma_0 = 2,0$ está fora do IC.

c_2) Abordagem por Teste Estatístico

Nesta abordagem calcula-se a estatística χ^2_{calc}, conforme abaixo:

$$\chi^2_{calc} = \frac{(n-1)\,s^2}{\sigma_0^2}, \tag{3.8}$$

onde:

$$\sigma_0^2 = \text{valor a ser testado.}$$

Os testes podem ser dos mesmos tipos já vistos na seção 2.6.3, exceto que agora testa-se a variância. E as regras de rejeição seguem o mesmo padrão, conforme apresentadas na tabela 3.2.

Tabela 3.2 — Testes Estatísticos para σ^2 – Regras para rejeição de H_0.

Teste	Região de Rejeição de H_0
H_0: $\sigma^2 \leq \sigma_o^2$	Rejeitar H_0 se $\chi^2_{calc} > \chi^2_{n-1;\,\alpha/2}$ (3.9)
H_0: $\sigma^2 \geq \sigma_o^2$	Rejeitar H_0 se $\chi^2_{calc} < \chi^2_{n-1;\,1-\alpha/2}$ (3.10
H_0: $\sigma^2 = \sigma_o^2$	Rejeitar H_0 se $\chi^2_{calc} > \chi^2_{n-1;\,\alpha/2}$ ou $\chi^2_{calc} < \chi^2_{n-1;\,1-\alpha/2}$ (3.11)

Exemplo 3.3: Deseja-se executar o mesmo teste do exemplo 3.2, para a mesma amostra, ao nível $\alpha = 0,10$, mas agora usando a abordagem de teste estatístico.

$$H_0 : \sigma = 2,0 \quad vs. \quad H_a : \sigma \neq 2,0.$$

Para isso, computa-se o χ^2_{calc}

$$\chi^2_{calc} = \frac{(12-1) \cdot 1,56^2}{2^2} = 4,293.$$

Já se verificou que pela função qchisq(), para GL = 11, que se tem:

$$\chi^2_{11;0,95} = 4,575.$$

Portanto:

$$\chi^2_{calc} < \chi^2_{11;0,95}.$$

Logo, rejeita-se H_0, ao nível de significância

$$\alpha = 0,10.$$

3.2 Comparação de Variâncias

Esta seção apresenta um procedimento para comparação de variâncias de duas populações distintas. Essa comparação é feita por meio de um teste de hipótese, de forma semelhante ao que acontece com médias.

O teste parte de dois pressupostos:

- As populações a estudar são Normais, com variâncias σ_1^2 e σ_2^2;
- As amostras extraídas das duas populações são independentes.

O teste de hipótese a ser empregado é baseado na Estatística "F", em que se adota a notação de F_{calc}. O cômputo de F_{calc} é feito a partir das variâncias amostrais das duas populações, conforme apresentado na expressão 3.9:

$$F_{calc} = \frac{s_1^2}{s_2^2}, \tag{3.9}$$

onde:

$$s_1^2 = \text{variância da amostra da população 1,}$$
$$s_2^2 = \text{variância da amostra da população 2.}$$

Atenção, que no cômputo de F_{calc}, deve-se ter: $s_1^2 > s_2^2$, e *pela expressão de F_{calc}, fica definido que s_1^2 (o maior s^2) deve estar sempre no numerador de F_{calc}, e s_2^2 (o menor s^2) corresponde ao denominador. Uma inversão pode fazer diferença nos resultados dos testes.*

Uma expressão matematicamente mais apropriada para F_{calc}, portanto, seria:

$$F_{calc} = \frac{\max\left(s_1^2, s_2^2\right)}{\min\left(s_1^2, s_2^2\right)}. \tag{3.10}$$

Os testes de hipótese para as variâncias podem ser de três tipos:

$$H_0 : \sigma_1^2 \leq \sigma_2^2 \quad vs. \quad H_a : \sigma_1^2 > \sigma_2^2,$$
$$H_0 : \sigma_1^2 \geq \sigma_2^2 \quad vs. \quad H_a : \sigma_1^2 < \sigma_2^2,$$
$$H_0 : \sigma_1^2 = \sigma_2^2 \quad vs. \quad H_a : \sigma_1^2 \neq \sigma_2^2.$$

Se H_0 for verdadeira, F_{calc}, segue a chamada Distribuição **F de Snedcor**, que é uma distribuição que varia de acordo com dois níveis de graus de liberdade, baseados nos tamanhos das amostras extraídas das duas populações em estudo.

Essa distribuição é tabelada e pode também ter seus valores obtidos por meio das ferramentas computacionais disponíveis, como: R, Python e até mesmo por planilhas eletrônicas. Todas essas ferramentas dispõem de funções implementadas em que facilmente, por um simples comando, se obtém os valores desejados.

Assim, para duas populações, 1 e 2, que se deseje estudar, com $s_1^2 > s_2^2$, sejam os tamanhos de amostra abaixo:

n_1 = tamanho da amostra extraída da População 1;

n_2 = tamanho da amostra extraída da População 2.

Os dois níveis de graus de liberdade de F serão: $GL_1 = n_1 - 1$ e $GL_2 = n_2 - 1$.

Assim, se H_0 for verdadeira, F_{calc}, segue a Distribuição F, com GL_1, GL_2 graus de liberdade.

As regiões de rejeição de H_0, para o teste F, são apresentadas na tabela 3.3.

Tabela 3.3 — Testes F para variâncias – Regras para rejeição de H_0.

Teste	Região de Rejeição de H_0
H_0: $\sigma_1^2 \leq \sigma_2^2$	Rejeitar H_0 se $F_{calc} > F^{GL\ \max(s_1^2, s_2^2)}_{GL\ \min(s_1^2, s_2^2);\ \alpha}$ (3.9)
H_0: $\sigma_1^2 \geq \sigma_2^2$	Rejeitar H_0 se $F_{calc} > F^{GL\ \max(s_1^2, s_2^2)}_{GL\ \min(s_1^2, s_2^2);\ \alpha}$ (3.10
H_0: $\sigma_1^2 = \sigma_2^2$	Rejeitar H_0 se $F_{calc} > F^{GL\ \max(s_1^2, s_2^2)}_{GL\ \min(s_1^2, s_2^2);\ \alpha/2}$ ou $F_{calc} < F^{GL\ \max(s_1^2, s_2^2)}_{GL\ \min(s_1^2, s_2^2);\ 1-\alpha/2}$ (3.11)

onde:

$$F^{GL\ \max(s_1^2, s_2^2)}_{GL\min\left(s_1^2, s_2^2\right);\alpha} = \text{Valor tabelado da Distribuição F, ao nível } \alpha.$$

Exemplo 3.4: Sejam duas amostras de populações distintas, com as seguintes estatísticas:

$$n_1 = 16; \quad n_2 = 13; \quad s_1^2 = 9,53; \quad s_2^2 = 2,86.$$

Deseja-se testar, H_0:

$$H_0 : \sigma_1^2 \geq \sigma_2^2 \quad vs. \quad H_a : \sigma_1^2 < \sigma_2^2.$$

Nível de significância do teste: $\alpha = 0,05$,

$$F_{calc} = \frac{9,53}{2,86} = 3,33. \tag{3.9}$$

Comparar F_{calc}, com: $F^{15}_{12;0,05}$. O valor de F é obtido no R pela função `qf()`. Neste caso, tem-se:

$$\texttt{qf}(0.95, 15, 12, \texttt{lower.tail} = \texttt{T}) = 2.616851 = 2,62.$$

Portanto:

$$F_{calc} > F^{15}_{12;0,05}.$$

Logo: rejeita-se H_0, ao nível de significância $0,05$. Não se pode afirmar que

$$\sigma_1^2 > \sigma_2^2.$$

3.3 Experimentos Completamente Aleatorizados — Análise de Variância

O projeto e análise de experimentos é um tema extenso, conforme já mencionado no início deste capítulo, que vai bem além do escopo deste texto, e, portanto, o que será apresentado aqui é apenas uma pequena introdução ao assunto, mas que será importante para que se possa abordar com mais propriedade a Análise de Variância, que é uma técnica de análise estatística extremamente útil para uma série de situações práticas.

Quando se deseja investigar um processo para compreender melhor o seu comportamento ou quando se busca comparar o efeito de determinados fatores e/ou condições nos resultados de um processo, que é medido por alguma variável de resposta, é preciso que se planeje algum tipo de experimento para que se possa atingir esses objetivos. Isto é algo que ocorre todos os dias nos mais diversos campos de atividades, seja na indústria, na agricultura, na ciência, comércio, educação ou qualquer outra área que se possa imaginar.

A realização desses experimentos não pode abrir mão de um planejamento adequado para que se possa coletar os dados que realmente são necessários para as análises e para se obter respostas que correspondam efetivamente a conclusões válidas, dentro de um nível de significância adequado.

Alguns exemplos de experimentos seriam:

- verificar o impacto da velocidade de um equipamento industrial na geração de perda de material na fabricação de um produto;
- comparar a produtividade de uma lavoura em função de tipos de fertilizantes;
- comparar a maciez de um alimento em função de tempo e temperatura de cozimento;
- comparar o efeito de uma droga em pacientes de uma doença.

Nesse sentido, é que há toda uma área da estatística dedicada ao que se denomina de delineamento estatístico de experimentos (*statistical design of experiments)*, e que trata do processo de planejamento do experimento para que sejam coletados dados apropriados, que possam ser analisados por métodos estatísticos resultando em conclusões válidas e objetivas (Montgomery, 2013).

Busca-se com esse planejamento dos experimentos conseguir uma redução do erro experimental, que sempre ocorre em face de diferentes fatores, como a composição de materiais, ajuste de equipamentos, fatores humanos, imprecisão nos instrumentos de medida, condições ambientais, e uma série de outros fatores que nem sempre se consegue controlar. O delineamento de um experimento é construído de forma que a variação devida a esses acasos seja reduzida ao mínimo possível.

E para isto, os dois princípios de um projeto de experimento são fundamentais: as replicações e a aleatoriedade. Por replicação entende-se as repetições do experimento básico, e aleatoriedade, diz respeito à alocação do "material" experimental e à ordem em que os testes do experimento irão ocorrer, em que ambos são determinados de forma aleatória.

Os principais delineamentos experimentais são: delineamento completamente aleatorizado, delineamento em blocos aleatorizados e quadrado latino.

Aqui será analisado um tipo de experimento denominado de experimento a "um fator" (*one way*) e o tipo de delineamento será o completamente aleatorizado (*CRD – completely randomized design*), que será descrito a seguir.

As suposições para um experimento são:

- amostras são provenientes de populações Normais;
- as variâncias das populações são iguais;
- as amostras são independentes.

Os experimentos lidam com tratamentos e unidades experimentais. Tratamento é um determinado tipo de condição ou de material/produto. É um fator com diferentes níveis que se deseja avaliar o seu impacto. Neste caso, em geral, os níveis do fator são chamados de tratamento. Nos exemplos elencados no início da seção tem-se as duas situações. A temperatura de cozimento é uma condição imposta ao alimento e cada valor (nível) de temperatura pode ser um tratamento, e o fertilizante é um produto destinado ao solo da lavoura, que pode ser aplicado ou não.

A unidade experimental é o objeto da aplicação do tratamento. Nos exemplos citados, seriam o produto fabricado, a lavoura, o alimento sendo cozido e os pacientes em tratamento. É da unidade experimental que se obtém os dados para a análise estatística e conclusões do experimento.

No delineamento completamente aleatorizado (DCA) tem-se k tratamentos e N unidades experimentais homogêneas.

Deve-se aplicar tratamentos de forma aleatória às unidades de forma que n unidades recebam o tratamento i ($i = 1, 2, \ldots, k$).

Deve-se ter:

$$\begin{aligned} n_1 &= \text{número de replicações do tratamento 1,} \\ n_2 &= \text{número de replicações do tratamento 2,} \\ &\vdots \\ n_k &= \text{número de replicações do tratamento } k. \end{aligned}$$

Tendo-se:

$$n_1 + n_2 + \cdots + n_k = N.$$

As respostas dos tratamentos podem ser pensadas como amostras de uma população de todas as respostas possíveis daquele tratamento. E, portanto, ter-se-ia k amostras de k populações, conforme ilustração apresentada na figura 3.1.

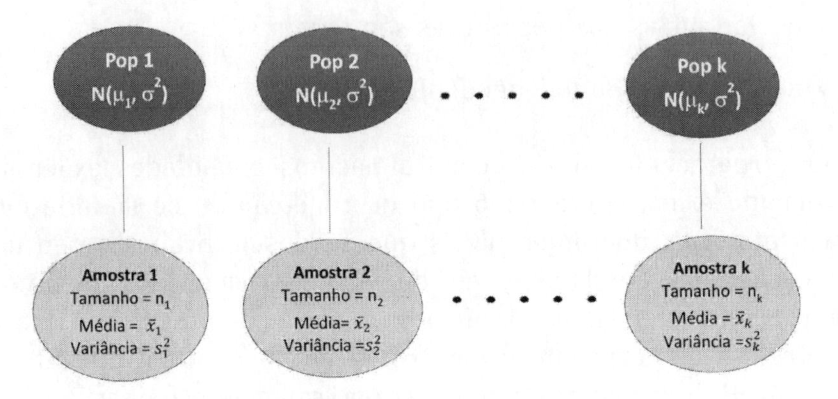

Figura 3.1 — k amostras de k populações.

Em termos das variáveis de resposta (X) coletadas no experimento, tem-se:

$$\text{Tratamento } 1: x_1, x_2, \ldots, x_k \longrightarrow \mu_1, \sigma^2 \longrightarrow \text{Modelo Linear}: X = \mu_1 + \varepsilon,$$
$$\text{Tratamento } 2: x_1, x_2, \ldots, x_k \longrightarrow \mu_2, \sigma^2 \longrightarrow \text{Modelo Linear}: X = \mu_2 + \varepsilon,$$

....

$$\text{Tratamento } k: x_1, x_2, \ldots, x_k \longrightarrow \mu_k, \sigma^2 \longrightarrow \text{Modelo Linear}: X = \mu_k + \varepsilon,$$

onde:

$\mu_i =$ média da população do tratamento i $(i = 1, 2, \ldots, k)$,

$\sigma^2 =$ variância das populações de tratamentos,

$\varepsilon =$ erro aleatório.

O objetivo do experimento é se fazer inferências sobres as médias dos tratamentos:

$$\mu_1, \mu_2, \ldots, \mu_k.$$

O seguinte teste de hipótese pode ser estabelecido:

$$H_0 : \mu_1 = \mu_2 = \cdots = \mu_k$$
$$vs.$$
$$H_a : \mu_i \neq \mu_j, \text{ para ao menos um par de tratamentos } i,\ j.$$

Para o desenvolvimento deste teste, deve-se ter a seguinte base de dados:

Tabela 3.4 — Base de Dados para Testes de Hipótese de Tratamentos.

Amostras →	**1**	**2**	**.....**	**k**	
n_i	n_1	n_2	.....	n_k	conhecidas
Média Amostral	$\bar{x}_1$	$\bar{x}_2$	.....	$\bar{x}_k$	
Variância Amostral	s_1^2	s_2^2	.....	s_k^2	
Média da População	μ_1	μ_2	.....	μ_k	desconhecidas
Variância da População	σ^2	σ^2	.....	σ^2	

A abordagem utilizada para trabalhar esses dados e executar o teste de hipótese é a chamada Análise de Variância (ANOVA), que será apresentada na próxima seção.

3.4 Análise de Variância a um Fator (*one-way*)

Neste caso, suponha-se que se tem um único fator que se quer avaliar o efeito de seus diferentes níveis aplicados a unidade experimentais. Esses níveis do fator, conforme já mencionado, são geralmente chamados de "tratamentos". A resposta observada desses tratamentos será uma variável aleatória.

O conjunto de observações dessa variável (X) coletadas no experimento teriam o aspecto da tabela 3.5:

Tabela 3.5 — Dados típicos de uma Análise a um fator.

Tratamento	Observações de X
Tratamento 1	$x_{11}, x_{12}, \ldots\ldots\ldots\ldots x_{1,n_1}$
Tratamento 2	$x_{21}, x_{22}, \ldots\ldots\ldots\ldots x_{2,n_2}$
.	. . ..
.	. . ..
.	. . ..
Tratamento k	$x_{k1}, x_{k2}, \ldots\ldots\ldots\ldots x_{k,n_k}$

A abordagem que será apresentada para tratar esses dados é a Análise de Variância de Efeito Fixo a Um Fator.

No modelo de efeito fixo, considera-se que os efeitos dos tratamentos variam em torno da média global, assim, essas observações são descritas por:

$$x_{ij} = \mu_i + \varepsilon_{ij}, \tag{3.10}$$

onde:

$$\mu_i = \mu + \alpha_i, \tag{3.11}$$
$$i = 1, 2, \ldots, k; \; j = 1, 2, \ldots, n.$$

x_{ij} = resposta **j** observada à aplicação do tratamento **i**,

μ_i = efeito da média do tratamento **i**,

μ = efeito da média global,

$\alpha_i = \mu_i - \mu$ = *desvio k da média global* = efeito do tratamento **i**,

ε_{ij} = erro aleatório.

Substituindo-se 3.11 em 3.10, tem- se o modelo estatístico linear:

$$x_{ij} = \mu + \alpha_i + \varepsilon_{ij}. \tag{3.12}$$

Este modelo é chamado de modelo de Análise de Variância a um Fator (*one-way classification analysis of variance*).

Para este modelo, tem-se:

1. $\sum_{i=1}^{k} \alpha_i = 0$.
2. Se $\mu_1 = \mu_2 = \cdots = \mu_k$, então, $\alpha_i = 0$ (o efeito dos tratamentos é igual).
3. $\mu_1 - \mu_2 = \alpha_1 - \alpha_2$ (a diferença entre médias é na verdade, a diferença entre tratamentos).

Como as médias amostrais neste modelo dependem fundamentalmente do efeito dos tratamentos (α_i), o que se deseja testar é se esses efeitos são iguais (irrelevantes) ou diferentes (tratamentos têm impacto nos resultados).

Assim, na Análise de Variância o que se analisa são as variações das amostras (dos tratamentos). E pode-se ter dois tipos de variações:

- variação dentro das amostras (dentro dos resultados dos tratamentos) e;
- variação entre as amostras (entre tratamentos).

A variação dentro das amostras (resultados do mesmo tratamento) ocorre devida ao erro experimental, que são variações entre as medidas coletadas nas amostras em face de falhas no processo de medição e/ou à própria aleatoriedade.

A variação entre as amostras pode ser devida ao erro experimental e a diferenças entre as médias das populações em virtude dos diferentes tratamentos.

Em geral, se espera que as variações entre amostras sejam maiores que as variações dentro das amostras, o que mostraria um impacto dos tratamentos. E esta expectativa sendo testada, corresponde ao teste de médias apresentado acima, que é equivalente a se verificar se a variação entre as médias das populações não existe.

O teste de hipótese, assim, pode ser desenvolvido com a seguinte estatística F_{calc}:

$$F_{calc} = \frac{s_B^2}{s_w^2}, \tag{3.13}$$

onde:

s_B^2 = variância entre amostras ou entre tratamentos *(between)*,
s_w^2 = variância dentro das amostras ou tratamentos (*within*).

Se H_0 for verdadeira, F_{calc}, segue uma distribuição F, com $GL = k-1$, para o numerador $GL = n-k$, para o denominador.

H_0 deve ser rejeitado ao nível α de significância, se:

$$F_{calc} > F^{k-1}_{n-k;\alpha}.$$

Quanto maior o valor de F_{calc}, maior a probabilidade da variação ter sido causada pelo tratamento, e menor a probabilidade de H_0 = Verdadeira.

A estimativa das variâncias é a variância amostral. Assim, toda a análise é feita com base nas variâncias calculadas a partir das observações das amostras.

Este teste é representado na forma de uma tabela de Análise de Variância, chamada de Tabela ANOVA (*Analysis of Variance*), que é apresentada a seguir:

Tabela 3.6 — ANOVA (*Analysis of Variance*) a um Fator.

Fonte de Variação (*source of variation*)	**GL**	**SS**	**MS**	F_{calc}	F_{Tabela}	**Valor de p** (*p-value*)
Entre Níveis do Tratamento (entre amostras – *'between'*)	k-1	SST	MST	MST/MSE	$F^{k-1}_{n-k\,;\,\alpha}$	P(H_0 = V)
Erro ou Resíduo (dentro das amostras – *"within'*)	N-k	SSE	MSE			
Total	N-1	TSS				

O *p-value* corresponde à probabilidade de H_0 ser verdadeira, para o valor de F que foi calculado $(F_{calc}) : P(H_0 = \text{Verdadeira})$.

Para *p-value* abaixo de 0,05, rejeita-se H_0.

Ao se rejeitar H_0, indica-se que ao nível α de significância, há diferença entre os resultados dos tratamentos.

A ANOVA computa inicialmente, somas de quadrados de diferenças em relação à média, que levam às estimativas das variâncias, que na ANOVA são denominadas de MST e MSE, onde:

> MST = estimativa da variância entre amostras (*Mean Square due to Treatments – between Treatments*),
>
> MSE = estimativa da variância dentro das amostras (*Mean Square due to Error – within treatments*).

E as somas de quadrados que levam às variâncias, são representadas por:

SS = soma de quadrados (SS = *square sum*);
SST = soma de quadrados devida aos tratamentos (SS *due to Treatments*);
TSS = soma de quadrados total (*Total* SS);
SSE = soma de quadrados devida ao erro (SS *due to Error*),
SSE é obtida por subtração, $SSE = TSS - SST$;
k = No. de tratamentos;
N = No. total de observações;
$(N - k)$ é obtido por subtração, $(N - 1) - (k - 1) = N - k$.

- **Filosofia da Análise de Variância**

Todo o procedimento da análise de variância tem como base uma filosofia que considera dois tipos de possibilidades:

- Uma grande variação entre as médias das amostras deve ser devida ao erro acrescida de uma diferença entre as médias das populações (efeito dos tratamentos);
- Uma pequena diferença entre as médias das amostras deve ser devida apenas ao erro (não há efeito dos tratamentos).

Os gráficos das figuras 3.2a e 3.2b, a seguir ilustram essa filosofia. Em cada gráfico os triângulos representam as médias amostrais. Na figura 3.2a tem-se uma variação acentuada entre as médias, o que indica diferenças entre as médias das populações analisadas e na figura 3.2b, há apenas uma pequena variação entre as médias, indicando que não há diferença entre as médias das populações estudadas.

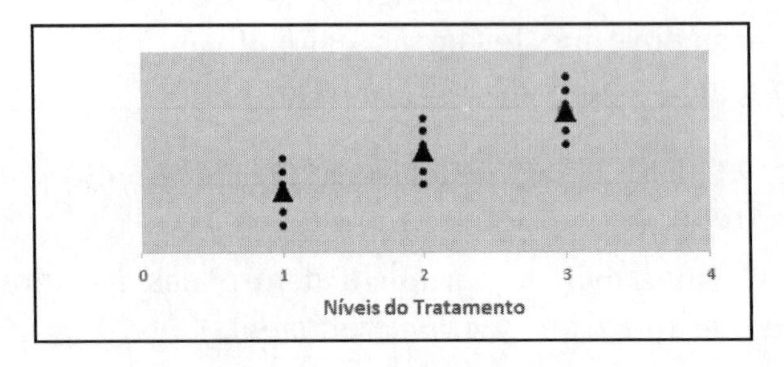

Figura 3.2a — Três níveis do tratamento, com médias populacionais diferentes.

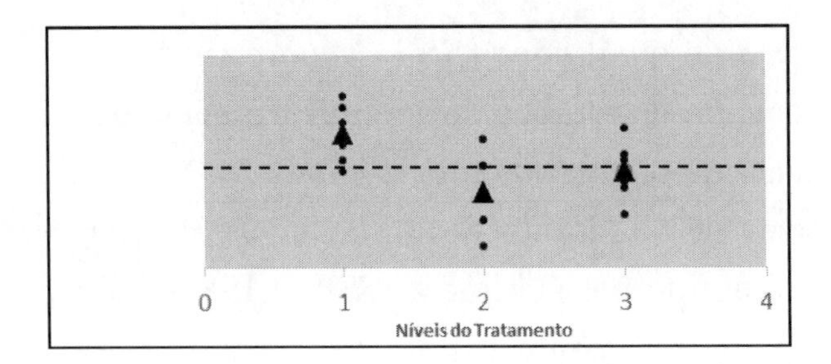

Figura 3.2b — Três níveis do tratamento, com médias populacionais iguais.

Exemplo 3.5: Um produtor rural testou três tipos de fertilizantes na produção de uma lavoura, em dois tipos distintos de solo. A tabela 3.7 apresenta os valores da produção obtida em 12 amostras independentes de solo, submetidas aos 3 tipos de tratamentos:

Deseja-se desenvolver uma Análise de Variância para avaliar o efeito dos Fertilizantes nas produções obtidas. O nível de significância da análise deve ser $\alpha = 0,05$.

Tabela 3.7 — Nível de Produtividade do Solo.

Densidade do Solo	Tipo de Fertilizante		
	1	2	3
1	95,0	50,8	95,7
2	94,9	50,8	95,3
1	94,9	50,7	95,2
2	94,8	50,7	95,2
1	94,8	50,7	95,0
2	94,8	50,7	94,8
1	94,6	50,6	94,8
2	94,5	50,6	94,7
1	94,4	50,5	94,7
2	94,3	50,4	94,7
1	94,2	50,4	94,7
2	94,2	50,4	94,3

Quadro 3.1 — Código em R – ANOVA a um Fator (*one-way*) – Exemplo 3.5.

```
# Passo 1:  Leitura dos Dados
Dados_Prod <- read.csv("Produtividade_Lavoura.csv",
        header = TRUE, sep = ";",
        colClasses = c("factor", "factor", "numeric"))
str(Dados_Prod)
# Estrutura da Base de Dados
# $ Densidade: Factorw/2levels"1","2": 1212121212...
# $ Fertilizante: Factorw/3levels"1","2","3": 111111111...
# $ Producao: num 9594.994.994.894.894.894.694.594.494.3...

# »> PASSO 2:  Aplicar ANOVA
#    Aplicar One-way ANOVA
# One Way = Uma variável Independente = 1 Tratamento
# Teste do Impacto de Fertilizantes na Colheita
# Fertilizante = Variável Independente

one.way <- aov(Producao ~ Fertilizante, data = Dados_Prod)
summary(one.way)

# RESULTADO - TABELA ANOVA one-way
```

```
#       Df Sum Sq Mean Sq F value Pr(>F)
# Fertilizante 2 0.782 0.3908 4.02 0.0274 *
# Residuals    33 3.208 0.0972
# ---
# Signif. codes: 0 '***' 0.001 '**' 0.01 '*' 0.05 '.' 0.1 ' ' 1
```

Pelos resultados da ANOVA, verifica-se que o *p-value* é de $0,0274$, e, portanto, é menor que $\alpha = 0,05$, o que significa que se deve rejeitar a hipótese nula, H_0. Portanto, pode-se afirmar ao nível de significância de 0,05, que os fertilizantes têm impactos diferentes na produção,

3.5 Análise de Variância a dois Fatores (*two-way*)

No caso de se ter o objetivo de analisar o efeito de dois fatores A e B (*two-way classification*), pode-se ter três tipos de efeitos:

- Efeito A – Efeito do fator A,
- Efeito B – Efeito do fator B,
- Efeito AB – Efeito da interação entre os dois fatores.

Para cada fator, pode-se ter diferentes níveis (*levels*) que se deseja testar. Assim, se um fator é a velocidade de um equipamento, pode-se testar, por exemplo, 3 valores de velocidade (3 níveis do fator).

Desta forma, pode-se definir:

$$l_a = \text{número de níveis } (\textit{levels}) \text{ do fator A;}$$
$$l_b = \text{número de níveis } (\textit{levels}) \text{ do fator B.}$$

Os graus de liberdade associados a cada fator dependem do número de níveis:

$$GL_A - = l_a - 1,$$
$$GL_B - = l_b - 1.$$

Um experimento que se pode planejar para esse tipo de caso, é a investigação de todas as possíveis combinações dos níveis desses fatores. Um experimento como esse, com todas as combinações possíveis é denominado "Experimento Fatorial".

Assim, por exemplo, se o fator A tem 3 níveis e o fator B tem 2 níveis, tem-se 6 combinações desses níveis ($3 \times 2 = 6$).

Cada combinação de níveis dos fatores deve ter estabelecido um número de replicações do experimento.

Define-se: n = número de replicações do experimento, para cada combinação.

O conjunto de observações de uma variável (X) coletado em um experimento fatorial a 2 fatores, teria o aspecto da tabela 3.8:

Tabela 3.8 — Experimento Fatorial a dois fatores – Dados típicos.

Níveis de A	**Níveis de B**			
	1	**2**	**.........**	**l_b**
1	$x_{111}, x_{112}, \ldots, x_{11n}$	$x_{121}, x_{122}, \ldots, x_{12n}$	. . ..	$x_{1b1}, x_{1b2}, \ldots, x_{1bn}$
2	$x_{211}, x_{212}, \ldots, x_{21n}$	$x_{221}, x_{222}, \ldots, x_{22n}$	. . ..	$x_{2l_b1}, x_{2l_b2}, \ldots, x_{2l_bn}$
.	.	.	. . ..	.
.	.	.	. . ..	.
l_a	$x_{l_a11}, x_{l_a12}, \ldots, x_{l_a1n}$	$x_{l_a21}, x_{l_a22}, \ldots, x_{l_a2n}$	. . ..	$x_{l_al_b1}, x_{l_al_b2}, \ldots, x_{l_al_bn}$

As observações desse experimento podem ser modeladas por um modelo estatístico linear, conforme 3.14

$$x_{ijk} = \mu + \alpha_i + \beta_j + (\alpha\beta)_{ij} + \varepsilon_{ijk}, \qquad (3.14)$$
$$i = 1, 2, \ldots, l_a; \quad j = 1, 2, \ldots, l_b; \quad k = 1, 2, \ldots, n,$$

onde:

x_{ijk} = resposta da replicação k à aplicação do nível i tratamento A e nível j do tratamento B;

μ = efeito da média global;
α_i = efeito do nível **i** do fator A nas respostas do experimento;
β_i = efeito do nível **j** do fator B nas respostas do experimento;
$(\alpha\beta)_{ij}$ = efeito da interação entre α_i e β_j nas respostas do experimento;
ε_{ijk} = erro aleatório.

Neste caso, a tabela ANOVA ficaria, conforme a tabela 3.9.

Tabela 3.9 — ANOVA (*Analysis of Variance*) a dois Fatores.

Fonte de Variação (*source of variation*)	**GL**	**SS**	**MS**	**F_{calc}**	**F_{Tabela}**	**Valor de p** (*p-value*)
Tratamento A	$l_a - 1$	SSA	$MSA = \frac{SSA}{(l_a-1)}$	$\frac{MSA}{MSE}$	$F^{(l_a-1)}_{l_a.l_b(n-1);\,\alpha}$	$P(H_0 = V)$
Tratamento B	$l_b - 1$	SSB	$MSB = \frac{SSB}{(l_b-1)}$	$\frac{MSB}{MSE}$	$F^{(l_b-1)}_{l_a.l_b(n-1);\,\alpha}$	$P(H_0 = V)$
Interação AB	$(l_a - 1)(l_b - 1)$	SSAB	$MSAB = \frac{SSAB}{(l_a-1)(l_b-1)}$	$\frac{MSAB}{MSE}$	$F^{(l_a-1)(l_b-1)}_{l_a.l_b(n-1);\,\alpha}$	$P(H_0 = V)$
Erro ou Resíduo (dentro das amostras - *within*)	$l_a.l_b.(n - 1)$	SSE	$MSE = \frac{SSE}{l_b.l_b.(n-1)}$			
Total	$(l_a.l_b.n) - 1$	TSS				

O *p-value* corresponde à probabilidade de H_0 ser verdadeira, para o valor de F que foi calculado (F_{calc}) : $P(H_0 = \text{Verdadeira})$.

Para *p-value* abaixo de 0,05, rejeita-se H_0.

Ao se rejeitar H_0, indica-se que ao nível α de significância, há diferença entre os resultados dos tratamentos.

As somas de quadrados que levam às variâncias, são representadas por:

SSA = soma de quadrados devida aos níveis do tratamento A;
SSB = soma de quadrados devida aos níveis do tratamento B;
SSAB = soma de quadrados devida à interação entre os níveis dos tratamentos.

$$
\begin{aligned}
SST &= SSA + SSB + SSAB, \\
TSS &= SSA + SSB + SSAB + SSE; \\
MSA &= \text{estimativa da variância entre os níveis do tratamento A;} \\
MSB &= \text{estimativa da variância entre os níveis do tratamento B;} \\
MSAB &= \text{estimativa da variância entre os níveis das interações AB.}
\end{aligned}
$$

Exemplo 3.6: Neste exemplo será utilizado o mesmo experimento do caso do produtor rural do exemplo 3.5.

Os dados da tabela 3.5 apresentam 2 fatores, Densidade do Solo e Fertilizantes,

A densidade tem dois níveis: 1 e 2.

O Fertilizante tem 3 níveis: 1, 2, 3

No exemplo 3.5 foi analisado apenas um fator, o Fertilizante. Agora aqui, neste exemplo os efeitos dos dois fatores serão analisados e a interação entre eles.

Esta análise pode ser desenvolvida por meio do R, pelas instruções apresentadas no quadro 3.2:

Quadro 3.2 — Código em R – ANOVA dois Fator (*two-way*) – Exemplo 3.6.

```
# Two-way ANOVA = Duas Variáveis Independentes (2 Fatores)
# Modelagem da Variável Dependente como uma Função de 2 Fatores
# Fatores = Tipo de Fertilizante e Densidade da Plantação

two.way <- aov(Producao ~ Fertilizante + Densidade,
       data = Dados_Prod)
summary(two.way)

# RESULTADOS - ANOVA two-way
#                Df  Sum Sq  Mean Sq  F value  Pr(>F)
# Fertilizante   2   0.7817  0.3908   4.038    0.0273
# Densidade      1   0.1111  0.1111   1.148    0.2920
# Residuals      32  3.0972  0.0968
# ---
# Signif. codes: 0 '***' 0.001 '**' 0.01 '*' 0.05 '.'  0.1 ' ' 1
```

```
# ---------- ANOVA com Interacao
two.way <- aov(Producao ~ Fertilizante + Densidade +
Fertilizante*Densidade,
      data = Dados_Prod)
summary(two.way)

# RESULTADOS - ANOVA two-way com Interacao
#                         Df  Sum Sq  Mean Sq  F value  Pr(>F)
# Fertilizante             2  0.7817  0.3908   3.815    0.0334
# Densidade                1  0.1111  0.1111   1.085    0.3060
# Fertilizante:Densidade   2  0.0239  0.0119   0.117    0.8903
# Residuals               30  3.0733  0.1024
```

Pelos resultados da ANOVA, verifica-se que o *p-value* para Fertilizantes é de 0,0334, e, portanto, é menor que $\alpha = 0,05$, o que significa que se deve rejeitar a hipótese nula, H_0, e pode-se afirmar ao nível de significância de $0,05$, que os fertilizantes têm impactos diferentes na produção,

Já para o outro tratamento, Densidade do Solo, o *p-value* foi de 0,3060, o que indica que não se pode rejeitar H_0, mostrando que diferentes Densidade do Solo não têm efeitos diferentes.

O mesmo ocorreu com a interação entre os dois tratamentos, em que *p-value* resultou em 0,8903, e, portanto, não se pode rejeitar H_0.

Logo, a ANOVA mostrou que o único tratamento que teve efeitos nas respostas do experimento foi o Fertilizante.

4

MODELOS DE ANÁLISE DE REGRESSÃO

Este capítulo apresenta técnicas muito úteis para a análise de dados, permitindo o estabelecimento de relações entre variáveis, que podem ser importantes para se compreender o comportamento dos dados e para se desenvolver previsões.

Todos os tipos de análise aqui apresentados, têm uma relação próxima como será visto nas seções seguintes. Será apresentada inicialmente a análise de correlação e na sequência a análise de regressão, nas modalidades de regressão linear simples e múltipla.

Depois será estudado o modelo linear generalizado e a regressão logística, que são extensões da análise de regressão clássica.

4.1 Análise de Correlação

É uma análise que em geral, precede uma Análise de Regressão. A análise de Correlação, como o próprio nome já diz, procura avaliar a *Correlação Linear* entre duas Variáveis.

Uma forma de se iniciar uma análise de correlação entre duas variáveis é através do gráfico de dispersão dos pontos, conforme os gráficos a seguir, que ilustram a questão.

4.1.1 Correlação Positiva

Veja pela figura 4.1, que se percebe uma relação de Dependência entre as variáveis. Ambas caminham no mesmo sentido, crescem juntas ou diminuem juntas. Veja na figura 4.1, que conforme aumenta o Peso por Lote, aumenta também o % de Defeitos.

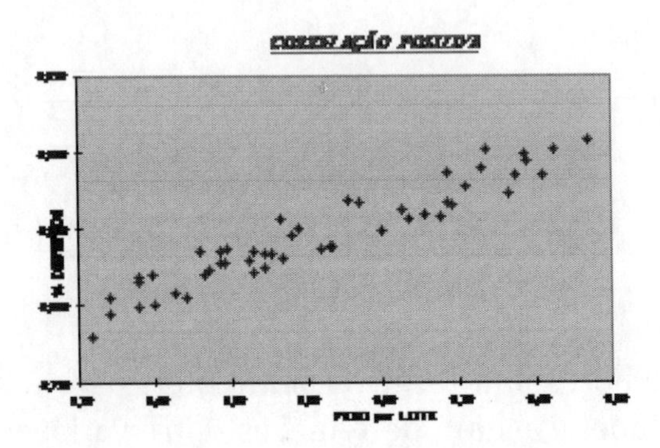

Figura 4.1 — Gráfico de Dispersão – Correlação Positiva.

4.1.2 Correlação Negativa

Também neste caso, há uma relação de Dependência entre as variáveis — uma depende da outra (figura 4.2).

Mas, aqui ambas caminham em sentidos opostos, quando uma cresce a outra diminui e vice-versa. No caso da figura 4.2, conforme aumentam os Homens-Hora Disponíveis, diminui o Tempo Médio por Operação.

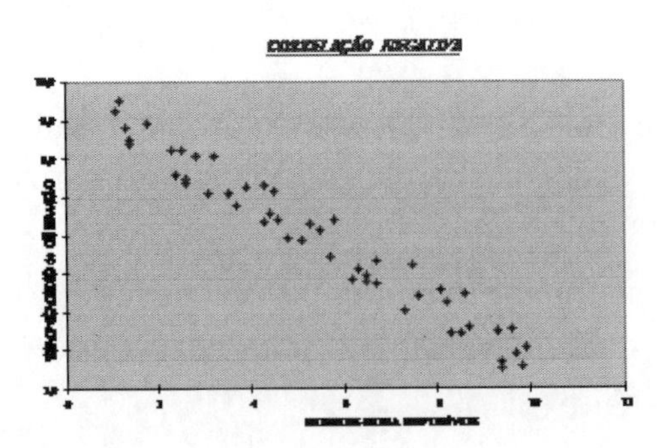

Figura 4.2 — Gráfico de Dispersão – Correlação Positiva.

4.1.3 Pontos Atípicos (*outliers*)

Uma situação comum quando se tem um gráfico de dispersão é encontrar um ou mais pontos com comportamento bem diferente dos demais. São pontos atípicos, chamados de "pontos fora da curva" (*outliers*). Neste caso, devem ser analisados individualmente. Algumas vezes, algo excepcional, que não representa a regra geral, ocorreu com aqueles pontos, e nestes casos, os pontos podem ser desconsiderados. Esta é a situação mais comum. Em outros casos a coleta de dados é que não foi bem planejada. Neste caso, o ponto "fora da curva" sinaliza para uma reavaliação do trabalho. E pode-se ter também, casos em que realmente são situações que ocorrem e devem ser estudadas em maior profundidade e consideradas na modelagem.

O gráfico da figura 4.3 ilustra essa situação:

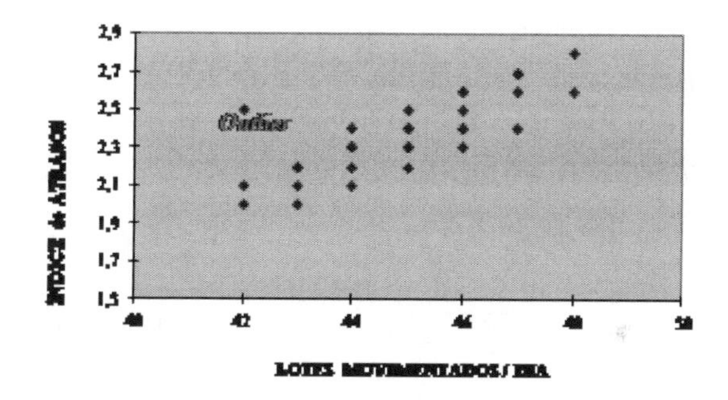

Figura 4.3 — Gráfico de Dispersão com pontos atípicos (*outliers*).

4.1.4 Coeficiente de Correlação

O gráfico de dispersão fornece uma avaliação visual da correlação entre variáveis. É possível, entretanto, ir além, e para isto, tem-se o Coeficiente de Correlação (R) que é uma medida estatística do grau de correlação linear entre as variáveis. Quantifica a correlação entre as duas variáveis X e Y.

O cômputo de R exige uma série de cálculos matemáticos, porém, isto é facilmente desenvolvido em planilhas eletrônicas ou qualquer software estatístico, como o R.

O valor de R entre duas variáveis X e Y é determinado por 4.1:

$$R = \frac{SXY}{\sqrt{SXX \cdot SYY}}, \quad (4.1)$$

onde:

$SXX =$ soma dos quadrados da variável X;
$SYY =$ soma dos quadrados da variável Y;
$SXY =$ soma dos quadrados de X, Y.

A faixa de variação de R se situa entre -1 e 1: $-1 \leq R \leq 1$, e quanto mais próximo de 1 ou -1 estiver, maior será a correlação entre as variáveis. Podendo ser correlação positiva ou negativa.

Há diferentes medidas de correlação, o R aqui apresentado é o coeficiente de correlação de Pearson, que é dos mais utilizados em estatística, e parte da suposição de que as populações seguem uma distribuição Normal, e seu valor reflete a intensidade da relação linear entre os dois conjuntos de dados analisados.

Tendo-se um conjunto de variáveis, é possível se desenvolver uma Matriz de Correlação, que apresente os coeficientes R, entre todos os pares de variáveis, o que permite uma análise ampla das relações, conforme apresentado na tabela 4.1.

Tabela 4.1 — Exemplo de Matriz de Correlação entre um conjunto de variáveis.

MATRIZ DE CORRELAÇÃO

	Variáveis 1 a 7						
	1	**2**	**3**	**4**	**5**	**6**	**7**
1	1,000						
2	0,998	1,000					
3	0,997	0,995	1,000				
4	0,770	0,769	0,762	1,000			
5	0,468	0,459	0,438	0,563	1,000		
6	0,918	0,916	0,898	0,707	0,524	1,000	
7	0,878	0,874	0,859	0,874	0,751	0,861	1,000

E a partir da matriz de correlação, pode-se construir um gráfico dessas correlações, que se costuma denominar de Correlograma, conforme o exemplo apresentado na figura 4.4:

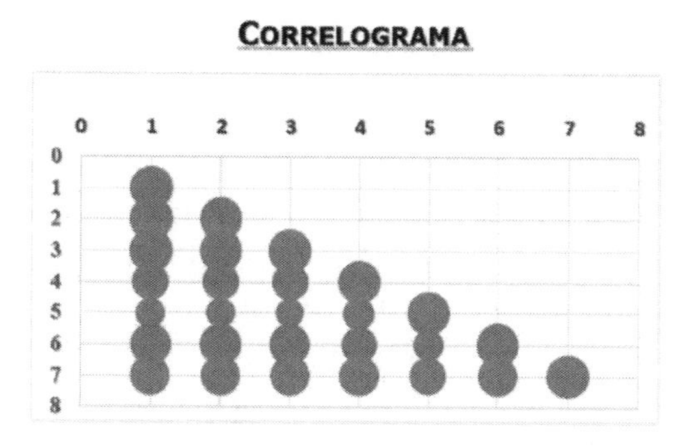

Figura 4.4 — Exemplo de Correlograma.

4.2 Modelo de Regressão Linear Simples

Uma vez que se constate uma correlação entre duas variáveis, pode-se estabelecer uma equação que represente este relacionamento.

Neste caso, considera-se que há uma dependência entre as duas variáveis. Tendo-se apenas duas variáveis, uma é considerada dependente e a outra é a independente ou explicativa. Esta é chamada de uma análise de regressão simples.

Considerando-se uma variável Y como sendo uma variável dependente, e X uma variável explicativa de Y, a chamada de equação de regressão que relaciona as duas, seria como a apresentada em 4.2:

$$Y_i = a + b \cdot x_i + \varepsilon, \tag{4.2}$$

onde:

Y_i = valor estimado de Y, para um dado valor x_i, de X;
x_i = valor i, de X;
ε_i = erro aleatório;
$i = 1, 2, \ldots, n$;

n = tamanho da amostra (número de observações) de X e Y.

Os verdadeiros valores dos parâmetros a e b, são desconhecidos, e são estimados por métodos estatísticos próprios para análise de regressão, sendo o mais comum o método dos mínimos quadrados, que minimiza por procedimentos do Cálculo, as diferenças ao quadrado entre os valores estimados de Y, pela regressão e os valores observados de Y.

Sobre a questão do erro, ε, deve-se considerar que os parâmetros da equação de regressão são estimados a partir de uma amostra de dados observados em algum levantamento estatístico que foi feito. Essa amostra apresenta um conjunto de valores de X e seus correspondentes valores de Y.

Pode-se pensar, por exemplo, que X é a quantidade de um dado fertilizante que foi aplicado ao solo, e que Y é a produção gerada naquela área. Porém, ao se repetir tal experimento, mesmo que a quantidade do fertilizante seja exatamente a mesma, não se pode esperar que a produção da área também será a mesma. Na verdade, isso não ocorre. O que deve ocorrer é que para cada valor de x_i, de X, pode-se ter diferentes valores Y_i, de Y. Estes Y_i, devem ter uma flutuação estatística em torno de um valor central. Pode-se admitir, então, que esses valores Y_i, seriam provenientes de uma população, e que se distribuem de acordo com uma distribuição de probabilidades em torno do valor central. São, portanto variáveis aleatórias.

Assim, para cada valor x_i, tem-se uma distribuição de probabilidades dos possíveis valores Y_i, de Y.

O erro ε, de estimativa, portanto, diz respeito a essa variação dos Y_i, que ocorre em torno de seu valor central, para cada correspondente x_i.

O que se espera é que por meio da equação de regressão, se estime esse valor central de Y, para cada x_i, o qual seria correspondente a $E(Y)$, o valor esperado de Y, ou seja, a média de Y_i.

Note que não se pode garantir, que as distribuições de probabilidade de Y para cada valor x_i, sejam a mesma. Porém isso levaria a problemas matemáticos complexos para estimativa dos parâmetros da equação de regressão. Assim, algumas hipóteses são estabelecidas para o desenvolvimento da regressão:

1. As variáveis aleatórias, Y_i, são independentes entre si, o que significa, que um dado valor Y_i, não terá impacto nos demais.

2. As distribuições de probabilidade de Y_i para cada x_i, ou seja, $P(Y_i/x_i)$, possuem médias $E(Y_i)$ ou μ_i, que se encontram em uma linha reta, correspondente à reta de regressão. E, portanto, tem-se:

$$E(Y_i) = \mu_i = a + b \cdot x_i. \tag{4.3}$$

3. Os erros ε_i, são independentes e se comportam como uma Normal de média zero e variância σ^2, igual para todos: $\varepsilon_i \sim N(0, \sigma^2)$. Essa hipótese de homogeneidade da variância σ^2, é chamada de "homocedasticidade"*, Note, que isso significa que à medida que o valor de Y aumenta, os erros de predição não devem aumentar.

4. Há linearidade dos parâmetros, ou seja, a relação entre a variável dependente e a variável independente pode ser representada por uma função linear.

O gráfico da figura 4.5 ilustra esta situação. Veja que para cada valor de X pode-se ter diferentes valores de Y. Não há uma correlação perfeita entre as variáveis, porém, é possível identificar uma reta que mais se aproxime de uma relação entre as variáveis. Esta é que será a chamada "reta de regressão".

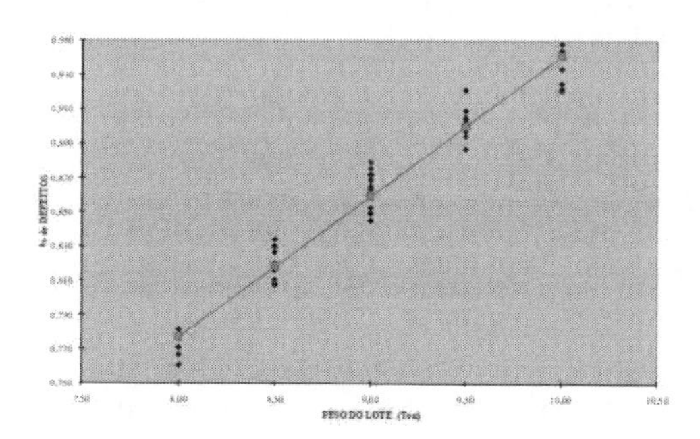

Figura 4.5 — Gráfico de Dispersão com Reta de Regressão.

*O oposto da homoscedasticidade é a heterocedasticidade, o que contraria a hipótese 4. Mas, por meio de transformações nos dados é possível eliminar a heterocedasticidade.

Note que para cada valor de X, a equação da reta fornece uma única estimativa de Y, mas pela dispersão dos pontos observados, vê-se que não é bem assim na realidade. A figura 4.5 mostra que para cada valor de X, os valores observados de Y se distribuem em torno do valor estimado pela equação de regressão.

Saliente-se que a e b são variáveis aleatórias, pois para cada amostra de dados de uma população, que for utilizada para a estimação desses parâmetros, os resultados serão diferentes. É o que ocorre com qualquer estimativa de qualquer parâmetro de uma população, conforme já discutido no capítulo 2.

Assim, para cada parâmetro estimado será necessário validá-los por meio de intervalos de confiança e de testes de hipótese.

Conforme já salientado, a reta de regressão é aquela que garante a minimização dos desvios das estimativas em relação aos valores observados na prática. A equação minimiza a soma dos desvios entre valores Observados nos dados e Valores Estimados. Garante assim, a menor diferença total. Pode ser entendida como a reta que melhor se ajusta à nuvem de pontos gerada por X e Y.

No que tange à avaliação de um modelo de regressão, o mais conhecido indicador é o chamado coeficiente de determinação (R^2). O coeficiente R^2 mede a proporção de variação em Y que é explicada pelo modelo de regressão.

E pode ser calculado pela expressão 4.4:

$$R^2 = \frac{SSR}{SST}, \quad 0 \leq R^2 \leq 1, \tag{4.4}$$

onde:

SSR = Soma de quadrados da variação explicada pela Regressão,

$$SSR = \sum_{i=1}^{n} \left(\widehat{Y}_i - \overline{Y}\right)^2,$$

sendo:

$\widehat{Y}_i$ = Valor estimado de Y_i pela Regressão;

$\overline{Y}$ = Média de Y_i;

SST = Soma de quadrados da variação Total;

SST = SSR + SSE;

SSE = Soma de quadrados devida ao Erro da previsão do modelo,

$$SSE = \sum_{i=1}^{n} \left(Y_i - \widehat{Y_i}\right)^2,$$

sendo: Y_i = Valor i, real de Y.

O valor de R^2 é calculado pelas ferramentas computacionais, como o R, e mesmo por planilhas eletrônicas, sendo uma estatística de saída dos resultados do modelo construído.

No caso de uma regressão simples o R^2 corresponde ao quadrado de R. Mas, isto só vale para regressão simples. Esta relação não faz sentido quando se tem múltiplas variáveis explicativas, como será visto na próxima seção.

O coeficiente R^2 deve ser interpretado mesmo, como sendo a proporção de variação em Y explicada pelo modelo de regressão, que relaciona Y com o conjunto de variáveis explicativas, independentemente do número de variáveis do modelo.

Uma questão que se coloca em regressão é o impacto de pontos "fora da curva" (*outliers*) no resultado da equação de regressão. O gráfico da figura 4.6, mostra um exemplo do impacto de um *outlier* na reta de regressão e no próprio valor de R^2: Em uma das retas são considerados todos os pontos observados no experimento para a construção da reta de regressão. No outro exemplo, não se considera um ponto atípico (*outlier*) situado no quadrante superior esquerdo. Note o impacto causado na equação de regressão e, por consequência, no valor de R^2, que saiu de cerca de $0,79$ para $0,88$.

Outro aspecto a considerar é que pode haver uma Correlação não linear entre duas variáveis, e neste caso, é preciso se aplicar uma transformação nos dados para se transforme aquela relação não linear, em linear, e assim, possibilitar que se construa uma equação de regressão relacionando as variáveis. Os gráficos das figuras 4.7 e 4.8. apresentam esse tipo de situação.

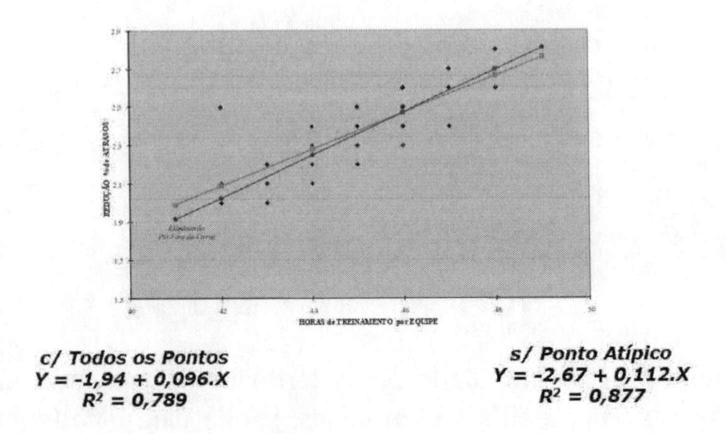

Figura 4.6 — Impacto de *outlier* na reta de Regressão – Ilustração.

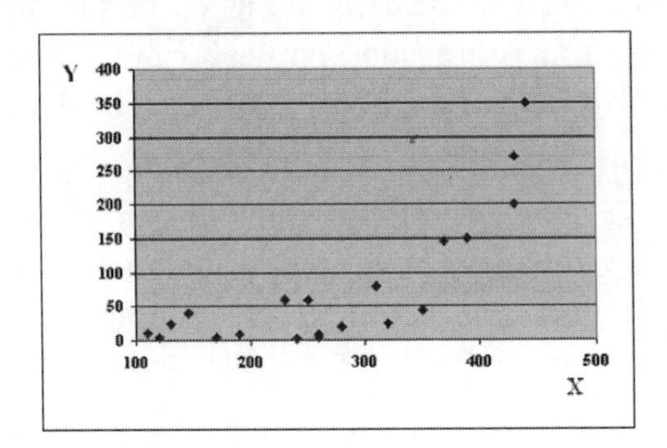

Figura 4.7 — Gráfico de dispersão X, Y com Relação Não Linear.

Nestes casos, muitas vezes é possível se fazer uma transformação nos dados, tornando a relação mais próxima de uma relação linear.

Note na figura 4.8 no eixo horizontal, que a variável X foi transformada em $e^{\frac{X}{100}}$, usando-se, portanto, uma expressão exponencial, o que tornou a nuvem de dispersão dos pontos bem mais próxima de uma relação linear.

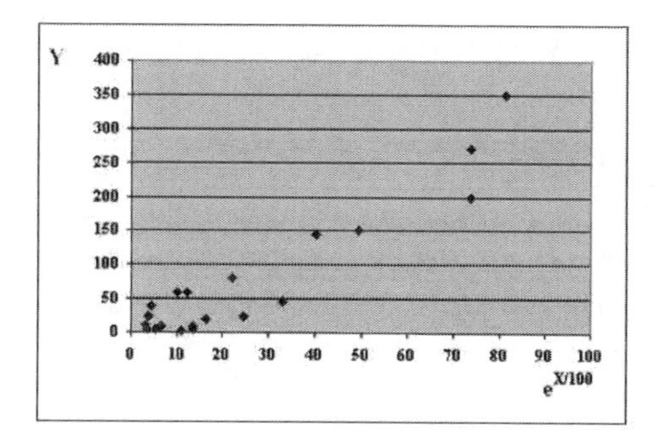

Figura 4.8 — Transformação de X em $e^{\frac{X}{100}}$.

Os gráficos 4.9 e 4.10 na sequência, mostram outro exemplo de uma relação não linear entre variáveis, que por meio de uma nova transformação na variável X, a relação se aproxima de uma relação linear. Neste outro exemplo, a variável X foi transformada em $e^{-\frac{X}{100}}$, usando-se, aqui, uma expressão exponencial negativa.

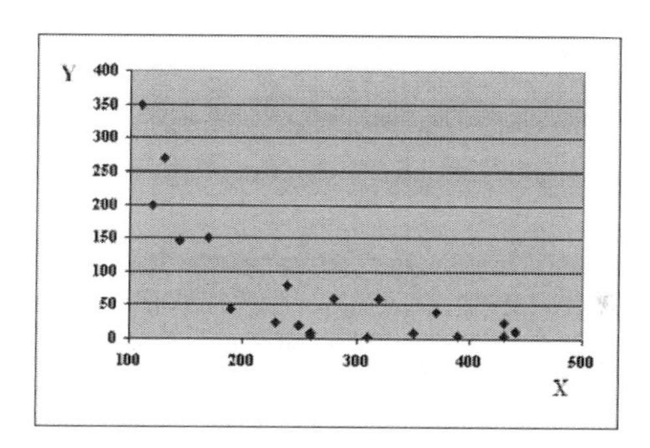

Figura 4.9 — Gráfico de dispersão X, Y com Relação Não Linear.

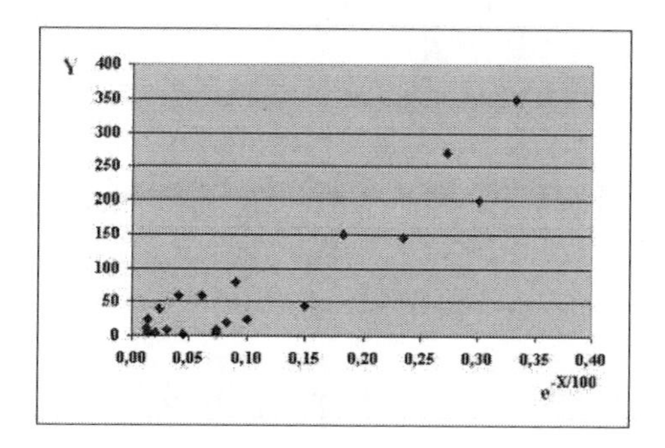

Figura 4.10 — Transformação de X em $e^{-\frac{X}{100}}$.

4.3 Modelo de Regressão Linear Múltipla

No caso da regressão múltipla, a técnica constrói uma equação linear que relaciona uma variável dependente com um conjunto de variáveis explicativas, que devem ser independentes entre si. Daí serem chamadas também por esse termo: independentes.

As variáveis explicativas devem ser capazes de "explicar" as variações que ocorrem na variável dependente. São variáveis que causam algum nível de impacto na variável dependente. Uma variação em uma variável independente, deve causar algum nível de variação na variável dependente.

Estas variáveis são assim, explicativas do comportamento da variável dependente Y, o que quer dizer que variações em Y seriam explicadas por variações que ocorreram anteriormente nas suas variáveis explicativas.

Neste caso, é possível se obter uma função do tipo apresentada em 4.5:

$$Y = f(X_1, X_2, \ldots, X_p), \tag{4.5}$$

onde:

$Y =$ variável dependente;
$X_1, X_2, \ldots, X_p =$ variáveis explicativas (independentes).

A análise de regressão múltipla tem uma equação do tipo apresentada em 4.6:

$$Y_i = b_0 + b_1 X_{1i} + b_2 X_{2i} + \cdots + b_p X_{pi} + \varepsilon_i, \tag{4.6}$$

onde:

$b_0, b_1, b_2, \ldots, b_p =$ parâmetros da equação;
$\varepsilon_i =$ erro aleatório, sendo, $\varepsilon_i \sim N(0, \sigma^2)$.

Os parâmetros b_i, $i = 0, 1, 2, \ldots, p$, são estimados pelos métodos da regressão.

As hipóteses principais da regressão múltipla são as mesmas da regressão simples, acrescentando-se a ausência de multicolinearidade, o que significa que as variáveis explicativas não apresentam correlação entre si.

Portanto, tem-se as seguintes hipóteses:

1. As variáveis aleatórias, Y_i, são independentes entre si;
2. As distribuições de probabilidade de Y_i, $P(Y_i/X_i)$, possuem médias $E(Y_i)$ ou μ_i, na linha reta da equação de regressão:

$$E(Y_i) = b_0 + b_1 X_{1i} + b_2 X_{2i} + \cdots + b_p X_{pi}. \qquad (4.7)$$

3. Homocedasticidade dos erros e com média zero: $\varepsilon_i \sim N(0, \sigma^2)$;
4. Linearidade dos parâmetros: a equação de regressão é uma função linear;
5. Ausência de multicolinearidade entre as variáveis explicativas, $X_1, X_2, \ldots, X_p$. São, portanto, variáveis independentes entre si (sem correlação).

A ideia por trás desta técnica é que uma vez que Y está correlacionada àquelas variáveis independentes, variações nestas variáveis geram variações em Y de forma proporcional aos coeficientes $b_0, b_1, b_2, \ldots, b_p$.

Esta relação é determinada com base em dados observados num dado momento, mas supõe-se que esta relação poderá se manter no futuro, o que em muitos casos é uma hipótese bem razoável.

E lembrando que de forma análoga à regressão simples, aqui também os parâmetros, b_i, $i = 0, 1, 2, \ldots, p$, são variáveis aleatórias, pois para cada amostra de dados de uma população, que for utilizada para a estimação desses parâmetros, os resultados serão diferentes. Assim, para cada parâmetro estimado será necessário validá-los por meio de intervalos de confiança e de testes de hipótese.

Exemplo de aplicação deste tipo de técnica seria o caso de se estimar o volume de numerário a abastecer um caixa automático em função de variáveis que caracterizem a região em que a máquina está localizada, como: população da região, renda média, número de edifícios de escritório, etc.

Caso se deseje fazer previsões para o futuro, note que as variáveis $X_1, X_2, \ldots, X_N$ deverão ter os seus valores futuros previstos, para que se possa prever Y. Assim quando se adota um modelo deste tipo está se partindo da hipótese de que é mais fácil prever estas variáveis do que desenvolver uma previsão direta do próprio Y.

As variáveis que causam impacto na variável dependente, devem ser aquelas que apresentam algum grau de correlação com aquela variável. Daí, a análise de correlação preceder a análise de regressão.

Na análise de resultados da regressão múltipla o R^2 continua a ser uma medida importante de avaliação, mas um problema que R^2 apresenta no caso de regressão múltipla, é que o coeficiente tem uma tendência de crescer à medida que se inclui mais variáveis no modelo, mesmo que a contribuição dessas variáveis seja muito pequena. Assim foi desenvolvido um ajuste para R^2, de forma a compensar esse aumento que ocorre, com o aumento de variáveis.

$$R^2_{ajust} = 1 - \frac{\left(1 - R^2\right) \cdot (n-1)}{(n-1-p)}, \tag{4.8}$$

onde:

$$n = \text{número de observações;}$$
$$p = \text{número de variáveis.}$$

O desenvolvimento da análise da regressão pode ser subdividido em cinco fases:

- Fase 1: Estimação dos parâmetros da equação de regressão;
- Fase 2: Cômputo do coeficiente de determinação R^2 e R^2 ajustado;
- Fase 3: Testes de hipótese para os parâmetros, b_i, com $H_0 : b_i = 0$;
- Fase 4: Intervalos de confiança para os parâmetros, b_i;
- Fase 5: Teste de hipótese global para o modelo, tendo-se:

$$H_0 : b_0 = b_1 = b_2 = \cdots = b_k = 0 \quad \text{vs.} \quad H_a : \exists\, b_i \neq 0;\; i = 0, 1, 2, \ldots, p.$$

Este teste global para o modelo é feito por meio da estatística F, de forma análoga à análise de variância, com a seguinte tabela ANOVA:

Tabela 4.2 — ANOVA para Análise de Regressão.

Fonte de Variação (*source of variation*)	**GL**	**SS**	**MS**	F_{calc}	F_{Tabela}	**Valor de p** (*p-value*)
Devida à regressão	p	SSR	MSR	MSR/MSE	$F^{p}_{n-p-1\,;\,\alpha}$	$P(H_0 = V)$
Erro ou Resíduo	N-p-1	SSE	MSE			
Total	N-1	TSS				

Todos esses resultados são obtidos nas ferramentas computacionais, como o R, por exemplo.

Exemplo 4.1: Regressão Linear Simples. Seja um pequeno exemplo para ilustrar os principais passos de uma Análise de Regressão Clássica:

Dados:

Observação	1	2	3	4
Y	2	3	6	9
X	−2	−1	1	2

Por meio do R, pode-se desenvolver toda a análise, com as instruções apresentadas no quadro 4.1.

Quadro 4.1 — Código em R – Análise de Regressão Simples – Exemplo 4.1.

```
# Dados Observados de X e Y
Y = c(2, 3, 6, 9)
X =c(-2, -1, 1, 2)

# FUNÇÃO lm() desenvolve a Análise de Regressão
Model_Reg <- lm(formula = Y1 ~ X)
summary(Model_Reg)
```

```
# # RESULTADOS - Análise de Regressão Simples
# Call:
# lm(formula = Y ~ X)
#
# Residuals:
# 1 2 3 4
# 0.4 -0.3 -0.7 0.6
#
# Coefficients:
#               Estimate  Std. Error  t value  Pr(>|t|)
# (Intercept)  5.0000    0.3708      13.484   0.00546
#   X          1.7000    0.2345      7.249    0.01850
# ---
# Signif. codes: 0 '***' 0.001 '**' 0.01 '*' 0.05 '.' 0.1 ' ' 1
# # Residual standard error: 0.7416 on 2 degrees of freedom
# Multiple R-squared: 0.9633, Adjusted R-squared: 0.945
# F-statistic: 52.55 on 1 and 2 DF, p-value: 0.0185
```

Note que pelo R podem ser obtidos todos os resultados elencados nas Fases 1 a 5, do desenvolvimento de uma análise da regressão.

As cinco fases são apresentadas abaixo:

- Fase 1: Estimação dos parâmetros da equação de regressão:

$$b_0 = 5,0 \quad \text{e} \quad b_1 = 1,7.$$

- Fase 2: Coeficiente de determinação R^2 e R^2 ajustado;

$$R^2 = 0,9633, \quad R^2 \text{ ajustado } = 0,945.$$

- Fase 3: Testes de hipótese para os parâmetros, b_i, com $H_0 : b_i = 0$;

  $GL = N - k - 1 = 4 - 1 - 1 = 2$; onde: $k =$ No. de parâmetros
  Para b_0, tem-se $t_{calc} = 13,484$ e *p-value* $= 0,00546$, significativo para $\alpha = 0,01$.
  Para b_1, tem-se $t_{calc} = 7,249$ e *p-value* $= 0,01850$, significativo para $\alpha = 0,05$.

- Fase 4: Intervalos de confiança para os parâmetros, b_i;
  - IC para b_0.
    2,301 2,699 7,301
    1,455 0,245 3,155
    Erro padrão para $b_0 = 0,3708$.
    $GL = N - 1 - k = 4 - 1 - 1 = 2$; $\alpha = 0,05$; $t_{\alpha/2,2} = 6,205$
    IC para $b_0 = 5,0 \pm 6,205 \cdot 0,3708 = 5,0 \cdot 2,301 \rightarrow [2,699; 7,301]$
  - IC para b_1
    Erro padrão para $b_1 = 0,2345$
    $GL = N - 1 - k = 4 - 1 - 1 = 2$; $\alpha = 0,05$; $t_{\alpha/2,2} = 6,205$
    IC para $b_0 = 1,7 \pm 6,205 \cdot 0,2345 = 1,7 \pm 1,455 \rightarrow [0,245; 3,155]$
- Fase 5: Teste de hipótese global para o modelo, tendo-se:

$$H_0 : b_0 = b_1 = \cdots = b_k = 0 \quad \text{vs.} \quad H_a : \exists\, b_i \neq 0; i = 0, 1, 2, \ldots, p.$$

$F_{calc} = 52,55$
GL Regressão $= k = 1$ (1 variável)
GL Erro $= N - k - 1 = 4 - 1 - 1 = 2$
p-value $= F^{k}_{n-k-1;\alpha} = F^{1}_{2;0,05} = 0,0185$, significativo ao nível $\alpha = 0,05$.

Tem-se, portanto um modelo adequado para relacionar as duas variáveis.

Exemplo 4.2: Regressão Linear Múltipla. Seja o caso de uma empresa que deseja relacionar a demanda de suas áreas de atuação com a renda média e a população de cada região. Para isso, levantou dados de 25 regiões, que estão apresentados na tabela 4.3.

Tabela 4.3 — Dados de Demanda, Renda e População por Região.

Região	Demanda (t x 1.000)	Renda (R$ x 10)	População (x 1.000)
1	50	50	55
2	45	72	190
3	90	76	200
4	130	96	265
5	130	128	340
6	132	400	420
7	120	480	430
8	140	540	470
9	125	520	550
10	200	560	480
11	120	680	620
12	240	620	850
13	250	604	880
14	260	328	890
15	270	330	920
16	270	360	1.000
17	205	50	1.150
18	265	72	1.300
19	250	76	1.450
20	280	96	1.450
21	270	128	1.500
22	290	156	1.900
23	265	160	1.700
24	250	168	1.650
25	270	196	1.870

Por meio do R, pode-se desenvolver toda a análise, com as instruções apresentadas no quadro 4.2.

Note, que da mesma forma, que no exemplo 4.1, aqui também, com o relatório de saída do R, emitido pela instrução "`summary()`", podem ser obtidos todos os resultados elencados nas Fases 1 a 5, do desenvolvimento de uma análise da regressão.

Quadro 4.2 — Código em R – Análise de Regressão Múltipla – Exemplo 4.2.

```
# LEITURA de DADOS: Demanda, Renda e População
setwd("...... SEU CAMINHO para a Pasta de Trabalho ......")
Dados <- read.csv("REGRESSAO_Demanda_vs_Renda_Pop.csv", sep = ";",
        header = T)
str(Dados)

# Inspeção dos Dados:  SAIDA de str()
# 'data.frame':  25 obs.  of 4 variables:
# $ Regiao : int 1 2 3 4 5 6 7 8 9 10 ...
# $ Demanda : int 50 45 90 130 130 132 120 140 125 200 ...
# $ Renda : int 50 72 76 96 128 400 480 540 520 560 ...
# $ Populacao: num 55 190 200 265 340 420 430 470 550 480 ...

# FUNÇÃO lm() desenvolve a Análise de Regressão
Model_Reg_Mult <- lm(formula = Demanda ~ Renda + Populacao,
        data = Dados)
summary(Model_Reg_Mult)

# RESULTADOS - Análise de Regressão Múltipla

# Call:
# lm(formula = Demanda ~ Renda + Populacao, data = Dados)
#
# Residuals:
#   Min       1Q     Median    3Q      Max
# -69.538  -24.754  -3.397  26.938  67.234
#
# Coefficients:
#               Estimate  Std. Error  t value  Pr(>|t|)
# (Intercept)  62.63013  20.12976     3.111    0.00509
# Renda         0.07095   0.03812     1.861    0.07610
# Populacao     0.12687   0.01426     8.900    9.62e-09
# Signif. codes: 0 '***' 0.001 '**' 0.01 '*' 0.05 '.' 0.1 ' ' 1
#
# Residual standard error: 38.48 on 22 degrees of freedom
# Multiple R-squared:  0.783, Adjusted R-squared:  0.7632
# F-statistic:  39.69 on 2 and 22 DF, p-value:  5.03e-08
```

As cinco fases da análise de regressão, são apresentadas abaixo:

- Fase 1: Estimação dos parâmetros da equação de regressão:

$$b_0 = 62,63013; \quad b_1 = 0,07095; \quad b_2 = 0,12687$$

- Fase 2: Coeficiente de determinação R^2 e R^2 ajustado;

$$R^2 = 0,783 \quad R^2 \text{ ajustado } = 0,7632$$

- Fase 3: Testes de hipótese para os parâmetros, b_i, com $H_0 : b_i = 0$;

  $GL = N - k - 1 = 25 - 2 - 1 = 22$
  Para b_0, tem-se $t_{calc} = 3,111$ e *p-value* $= 0,00509$, significativo para $\alpha = 0,01$.
  Para b_1, tem-se $t_{calc} = 1,861$ e *p-value* $= 0,07610$, significativo para $\alpha = 0,10$.
  Para b_2, tem-se $t_{calc} = 8,900$ e *p-value* $= 9,62.10^{-9}$, significativo para $\alpha = 0,01$.

- Fase 4: Intervalos de confiança para os parâmetros, b_i;

  - IC para b_0.
    Erro padrão para $b_0 = 20,12976$,
    $GL = N-1-k = 25-2-1 = 22; \quad \alpha = 0,05; \quad t_{\alpha/2,22} = 2,093$.
    IC para $b_0 = 62,630 \pm 2,093.20,130 = 62,630 \pm 48,985 \rightarrow [13,645; 82,760]$.
  - IC para b_1.
    Erro padrão para $b_1 = 0,03812$,
    $GL = N-1-k = 25-2-1 = 22; \quad \alpha = 0,05; \quad t_{\alpha/2,22} = 2,093$,
    IC para $b_1 = 0,071 \pm 2,093.0,0381 = 0,071 \pm 0,093 \rightarrow [-0,009; 0,151]$.
    OBS: Note que o zero está incluído no IC, para $\alpha = 0,05$.
    Se recalcularmos IC para $\alpha = 0,10$, tem-se $t_{\alpha/2,22} = 1,729$.
    IC para $b_1 = 0,071 \pm 1,729.0,0381 = 0,071 \pm 0,0659 \rightarrow [0,005; 0,137]$.

E agora o IC não inclui o zero, coincidindo com o teste de hipótese.

O ideal é que o modelo seja significativo para $\alpha = 0,05$, mas $\alpha = 0,076$, fornecido pelo R, não fica muito longe do ideal.

- IC para b_2.

  Erro padrão para $b_2 = 0,01426$,

  $GL = N-1-k = 25-2-1 = 22$; $\alpha = 0,05$; $t_{\alpha/2,22} = 2,093$.

  IC para $b_2 = 0,127 \pm 2,093.0,0143 = 0,127 \pm 0,030 \rightarrow [0,097; 0,157]$.

- Fase 5: Teste de hipótese global para o modelo, tendo-se:

$$H_0 : b_0 = b_1 = \cdots = b_k = 0 \quad \text{vs.} \quad H_a : \exists\, b_i \neq 0;\ i = 0, 1, 2, \ldots, p.$$

$F_{calc} = 39,69$.

GL Regressão $= k = 2$ (2 variáveis),

GL Erro $= N - k - 1 = 25 - 2 - 1 = 22$,

p-value $= F^{k}_{n-k-1;\alpha} = F^{2}_{22;0,05} = 5,03 \cdot 10^{-8}$, significativo ao nível $\alpha = 0,01$.

Com esses resultados, tem-se um modelo adequado para relacionar as variáveis.

4.4 Modelos Lineares Generalizados e Regressão Logística

Os Modelos Lineares Generalizados (*generalized linear models* – GLM ou GLIM) representam uma classe de modelos propostos por Nelder e Wedderburn (1972) e mais popularizada por McCullagh e Nelder (1989).

Trata-se de uma ampla classe de modelos que inclui modelos para variáveis contínuas, como a regressão linear clássica e ANOVA, e assim como, modelos para variáveis discretas

As seções anteriores trataram até aqui de modelos de regressão linear, que partem da hipótese de variância constante, o que muitas vezes pode não acontecer em situações concretas do mundo real.

Os GLMs, por outro lado, assumem que os valores observados da variável dependente Y (a variável de resposta) são provenientes de uma distribuição de uma família mais geral de distribuições, o que possibilita uma margem muito mais abrangente de aplicação desses modelos. Tem-se uma ampliação das possibilidades de análises para outras distribuições além da clássica Distribuição Normal, e com isto, passa-se a ter bem mais flexibilidade do que nos modelos de regressão linear clássica.

Trata-se na verdade, de uma extensão do modelo linear baseado na Distribuição Normal. E a regressão linear clássica, passa a ser um caso particular de GLM, com as hipóteses que fundamentam a regressão linear.

No caso do GLM, tem-se uma abertura maior no que tange às hipóteses do modelo, que são apresentadas na sequência.

Hipóteses Principais GLM:

- As Observações $Y_1, Y_2, \ldots, Y_n$ são distribuídas de forma independente;
- A variável dependente Y não precisa seguir uma Distribuição Normal;
- Em geral, assume-se que Y segue distribuição de uma família Exponencial
  (Binomial, Poisson, Multinomial, Normal, etc.).

Conforme dito acima, com o GLM pode-se modelar diferentes tipos de Variáveis:

- Variáveis Contínuas: simétricas e assimétricas;
- Variáveis Binárias (Binomial) e Categóricas (Multinomial);
- Variáveis que representam Contagens.

Para cada tipo de variável tem-se diferentes tipos de modelos. Assim, pode-se ter:

Modelos para dados Binários: chamados de Regressão Logística;

Modelos de Resposta MULTINOMIAL: Respostas Nominais e/ou Ordinais.

Modelos para dados de CONTAGEM:

– Distribuição de Poisson para contagens e taxas;

– Modelos Poisson / Multinomial para Tabelas de Contingência.

Todo GLM têm três componentes (Nelder e Wedderburn, 1972; McCullagh e Nelder, 1989; Agresti, 2007; Dobson e Barnett, 2018):

– Componente Aleatório;

– Componente Sistemático;

– Função de Ligação (*link function*).

- O Componente Aleatório identifica a variável dependente Y (variável de resposta) e estabelece uma distribuição de probabilidade para Y;
- O Componente Sistemático especifica as variáveis explicativas do modelo;
- E a Função de Ligação (*link function*) relaciona E(Y), o valor esperado de Y (que corresponde à sua média μ), com as variáveis explicativas do modelo, por meio de uma equação linear de predição de Y.

Esses três componentes são mais detalhados a seguir.

Componente Aleatório

O componente aleatório de um GLM identifica a variável de resposta Y e seleciona uma distribuição de probabilidade para ela. Considera que as observações de Y $(Y_1, Y_2, \ldots, Y_n)$ são independentes entre si.

Os GLMs assumem que as distribuições das variáveis de resposta pertencem a uma família chamada de modelo de dispersão exponencial (*exponencial dispersion model family – EDM*). Para variáveis contínuas EDMs incluem as distribuições normal e gama. E para variáveis discretas, EDMs incluem as distribuições de Poisson, Binomial e Binomial Negativa.

A família de distribuições EDM permite, assim, que os GLMs sejam ajustados a uma ampla variedade de tipos de variáveis, incluindo dados binários, proporções, contagens, dados contínuos positivos e dados contínuos positivos com zeros exatos (Dunn e Smyth, 2018).

A título de exemplo, são apresentados EDMs para três tipos distintos de variáveis:

Variáveis Binárias: há muitos casos reais em que Y é binária, como, por exemplo, "sucesso" ou "falha" em uma operação. Defeito ou sem defeito em um componente fabricado. Nesses casos, assume-se que Y segue uma distribuição de probabilidades Binomial, onde cada observação Y_i, de Y, corresponde ao número de sucessos de um dado número de tentativas.

Contagens: Há outro tipo de aplicação em que Y representa contagens de algum sistema, como, por exemplo, contagem de veículos chegando a um pedágio, contagem de clientes acessando por minuto um site de *e-commerce*, número de clientes chegando a um shopping center, número de ligações chegando a um *call center*, etc. Note que em todos os casos, tem-se variáveis inteiras, e portanto, variáveis discretas. Nesses casos, uma distribuição que se adapta muito bem ao fenômeno é a conhecida distribuição de Poisson ou a Binomial Negativa (Pascal), em que Y, corresponde ao número de tentativas até que p sucessos sejam atingidos. São distribuições que se aplicam a todos os inteiros não negativos.

Variáveis Contínuas: Se a variável é contínua, como, por exemplo, a altura de um indivíduo ou o volume diário movimentado por um operador logístico, pode-se assumir que Y segue uma distribuição Normal.

Componente Sistemático

O componente sistemático de um GLM especifica a relação entre a variável dependente e as variáveis explicativas, como uma combinação linear dessas variáveis, chamada de preditor linear. Esta é basicamente, a mesma ideia já vista na análise de regressão linear. Assim, o componente sistemático seria da forma apresentada em 4.9:

$$b_0 + b_1X_1 + \cdots + b_kX_k. \quad (4.9)$$

Função de Ligação

Esta função representa E(Y), o valor esperado de Y, que na verdade, é a média de sua distribuição de probabilidade: $E(Y) = \mu$. Na regressão linear já foi visto na equação 4.7, que a média de Y correspondia à própria equação de regressão, excluindo-se o erro aleatório. Aqui se tem algo na mesma linha para outros tipos de distribuições.

McCullagh e Nelder (1989) chama essa função de η. A função de ligação, η, relaciona μ à equação linear do componente sistemático, conforme apresentado em 4.10:

$$\eta = b_0 + b_1X_1 + \cdots + b_kX_k. \quad (4.10)$$

Essa função de ligação conecta, assim, os componentes aleatórios e sistemáticos.

A exemplo do componente aleatório deve-se considerar o tipo de variável para definição da função de ligação. Assim, sejam três exemplos para três tipos de variáveis:

Variáveis Binárias: para este tipo de variável é comum se trabalhar com a chamada função Logit, que se trata de um modelo do logaritmo de uma probabilidade, e tem a forma apresentada em 4.11:

$$\eta = \log\left(\frac{\mu}{1-\mu}\right). \quad (4.11)$$

É uma função própria para situações em que μ varia entre 0 e 1, como é o caso de uma probabilidade.

Um GLM que utiliza a função de ligação Logit é chamado de modelo de regressão logística.

Contagens: Neste caso, uma função de ligação apropriada seria o logaritmo da média 4.12:

$$\eta = \log(\mu)\,. \tag{4.12}$$

A função log se aplica a números positivos, portanto, a função de ligação log é apropriada quando μ não pode ser negativo, que é exatamente o caso de dados de contagem. A função teria a forma apresentada em 4.13:

$$\eta = \log(\mu) = b_0 + b_1 X_1 + \cdots + b_k X_k. \tag{4.13}$$

Um GLM que usa a função log é chamado de modelo loglinear.

Variáveis Contínuas: Este é o caso com a mais simples das funções de ligação, em que seria uma função do tipo:

$$\eta = \mu. \tag{4.14}$$

E define um modelo linear para a média de forma direta, sendo denominada de ligação identidade (*identity link*). Este é o caso da análise de regressão clássica, conforme já visto na equação 4.7.

$$\eta = \mu = b_0 + b_1 X_1 + \cdots + b_k X_k. \tag{4.15}$$

Os parâmetros dessas funções são estimados com base em um critério que minimize a diferença entre os dados observados e os valores estimados pelo modelo. Um método que é bastante usado é o da "máxima verossimilhança" (*maximum likelihood*).

Sendo que o logaritmo da verossimilhança em geral, é utilizado por ser mais simples de se trabalhar computacionalmente, e também muitas vezes é uma função em que se tem também mais facilidade para otimizar (minimização das diferenças). É chamada de função log-verossimilhança (*log-likelihood function*).

Tendo-se uma função de densidade de probabilidade $f(x, \mu)$, a função log-verossimilhança seria simplesmente o log dessa função, ou seja:

$$L(x, \mu) = \log(f(x, \mu)), \qquad (4.16)$$

onde:

$$L(x, \mu) = \text{função log-verossimilhança.}$$

Para um conjunto de variáveis x_i, $L(x, \mu)$ seria simplesmente a soma das parcelas correspondentes a cada variável, conforme apresentado em 4.17:

$$L(x, \mu) = \sum_i \log(x_i, \mu). \qquad (4.17)$$

Definida a função log-verossimilhança, os parâmetros são então estimados aplicando-se o procedimento clássico do cálculo, de identificação do ponto de mínimo de uma função, em que esse ponto é encontrado por meio da derivada primeira dessa função, em relação ao parâmetro que se deseja estimar, igualada a zero. Resolvendo-se essa equação encontra-se o parâmetro desejado de máxima verossimilhança.

A seguir na próxima seção, dá-se uma ênfase maior à regressão logística, que é o GLM mais utilizado na prática.

4.4.1 Regressão Logística

Esta seção trata especificamente do GLM Binomial, chamado de Regressão Logística, que é o tipo de GLM mais comumente utilizado.

É empregado para modelar proporções (probabilidades), onde as proporções são obtidas a partir de dados observados, como, por exemplo, o número de unidades com defeito de um produto montado em uma linha de produção, em relação ao total de unidades montadas.

Pode-se ter muitas situações similares a essa, tais como: proporção de eleitores de um candidato, proporção de indivíduos que testaram positivo para uma doença, proporção de dias em que um cruzamento não teve acidentes de trânsito, e muitos outros.

Em todas essas situações, uma distribuição binomial pode ser a mais adequada para representar o fenômeno, e em todos os casos, as ocorrências de cada grupo podem ser consideradas independentes e a classificação dos exemplares só pode ter um de dois resultados possíveis.

Assim, para Y, variável de resposta binária (Sucesso ou Falha), tem-se:

$Y_i = 1$; se Sucesso está presente no exemplar i da base de dados;
$Y_i = 0$; em caso contrário.

A Regressão Logística é também chamada de Regressão Logística Binomial ou Modelo Logit. É um tipo de regressão, diferente da regressão linear, pois estima a probabilidade de um evento em função dos valores de variáveis explicativas.

A probabilidade estimada, que costuma ser denominada de π, pode variar em função das variáveis X_i. Para uma única variável X, pode-se representar essa probabilidade por $\pi(X)$, de forma a deixar mais claro que há essa dependência de π em relação a X. As duas formas são utilizadas, π ou $\pi(X)$. Assim, tem-se:

$\pi = \pi(x_i) =$ probabilidade de "sucesso" para um dado valor x_i de X.

A probabilidade de falha será $1 - \pi$.

As relações entre π e X, são geralmente não lineares, diferentemente da regressão linear. A não linearidade significa que uma alteração em X pode ter menos impacto quando π está próximo de 0 ou 1, do que quando π se situa em faixas intermediárias de valores.

A curva não linear que melhor representa essa relação é uma curva em forma de "s" (figura 4.11), e há mais de uma função matemática que apresenta esse tipo de comportamento.

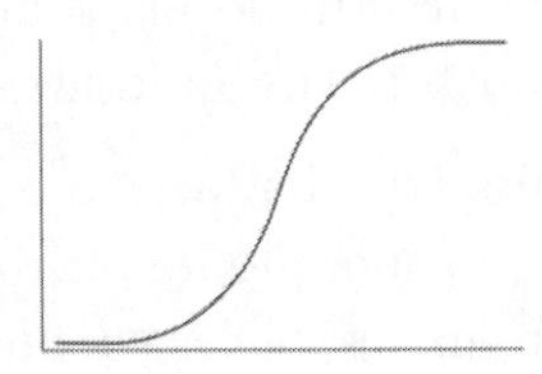

Figura 4.11 — Curva Logística (em formato de "s").

Dentre essas diferentes funções, a mais utilizada é uma que parte da função de ligação, chamada de "logit" ou função logística, que é apresentada em 4.18:

$$\eta = \text{logit}(\pi) = \log\left(\frac{\pi}{1-\pi}\right). \quad (4.18)$$

Para $X = (X_1, X_2, \ldots, X_k)$ = conjunto de Variáveis Explicativas de Y, a função logit, então, seria expressa como uma combinação linear das variáveis explicativas do modelo, conforme 4.18:

$$\text{logit}(\pi) = \log\left(\frac{\pi}{1-\pi}\right) = b_0 + \sum_i b_i X_i. \quad (4.18)$$

Equivalentemente, o modelo pode ser escrito como:

$$\frac{\pi}{1-\pi} = \exp\left(b_0 + \sum_i b_i X_i\right). \quad (4.19)$$

E para se chegar a π, a probabilidade desejada, tem-se:

$$\pi = \frac{\exp\left(b_0 + \sum_i b_i X_i\right)}{1 + \exp\left(b_0 + \sum_i b_i X_i\right)}.$$

As variáveis X_i, podem ser discretas, contínuas ou uma combinação de discretas e contínuas;

Note que a regressão logística não retorna a predição de uma classe, sucesso ou falha, mas sim probabilidades variando entre 0 e 1.

Caso se queira uma predição da Classe, é preciso decidir a probabilidade limite na qual a Classe muda de uma para a outra. O valor usual é $\pi = 0,5$, mas na realidade pode ser definido qualquer valor, com base no objetivo da análise

4.4.1.1 Razão de Chances (*odds ratio – OR*)

Há um conceito associado à regressão logística que pode ser útil para interpretar os coeficientes b_i da regressão logística.

Se um evento E tem probabilidade π de ocorrer, OR de E, é a razão entre a probabilidade π de que E ocorra e a probabilidade $(1 - \pi)$ de que E não ocorra:

$$OR = \frac{\pi}{1 - \pi}. \tag{4.20}$$

Exemplo 4.3: Se a probabilidade de uma peça apresentar defeito for 0,6, a chance (*odd*) dessa peça ter defeitos é

$$\frac{0,6}{(1 - 0,6)} = 1,5.$$

Isso significa que a probabilidade de defeito é 1,5 vezes maior do que a probabilidade de não defeito, ou seja, $1,5 \times 0,4 = 0,6$.

Uma interpretação para OR, seria que para uma dada variável explicativa X, OR representaria a razão das chances (*odds*) do evento E ocorrer dada a presença de X, versus as chances do evento ocorrer na ausência de X

Assim, ter-se $OR = 1,5$, significa que as chances de que o evento E ocorra, é 1,5 vez maior quando a variável X está presente, do que quando X é ausente.

OR, assim, representa a associação entre uma variável explicativa (X) e a variável dependente (Y).

Note que ao se fazer uso da função logit como função de ligação, é equivalente a modelar o logaritmo das chances (ou 'log-odds'). `LOGIT` corresponde a log(OR).

Outro ponto importante, é que para uma dada variável explicativa (X_i), o coeficiente (b_i) de X_i na função de regressão logística corresponde ao $\log(OR_i)$ para essa variável.

Assim, na regressão logística, a razão de chances, OR, representa o efeito constante de um preditor (variável explicativa) X sobre a probabilidade de ocorrência de um resultado.

Desta forma, b_0 corresponde ao logaritmo das chances de resposta quando toda variável X_i for nula, já os coeficientes b_i representam o $\log(OR_i)$, o que permite que se compare grupos que diferem em 1 unidade de X_i, conforme será visto no exemplo 4.4.

Portanto, considerando-se uma variável explicativa X_i tem-se:

$$OR_i = \frac{\pi_i}{1 - \pi_i}. \tag{4.21}$$

A probabilidade de ocorrer, dividida pela probabilidade de não ocorrer.

Exemplo 4.4: Considere uma variável de resposta Y, que assume os valores 1 ou 0, representando "Sucesso = 1" ou "Falha = 0". E suponha que o coeficiente de uma variável explicativa X_3 na função de regressão é $0,4$, então, $\ln(OR_3) = 0,4$.

Portanto: $OR_3 = e^{0,4} = 1,49$. Isto significa que o aumento de uma unidade em X_3 aumentará as chances da variável de resposta $Y = 1$ (sucesso) em $1,49$ vezes.

Uma simulação de alguns casos é apresentada na tabela 4.4 e na figura 4.12, onde se percebe a evolução exponencial de Y à medida que se aumenta b_i.

Tabela 4.4 — Variação em Y vs. OR.

Coeficiente b_i de Xi	Variação em Y
[b_i = ln(ORi)]	[e^{bi}]
0,00	1,000
0,05	1,051
0,50	1,649
1,00	2,718
1,50	4,482
2,00	7,389

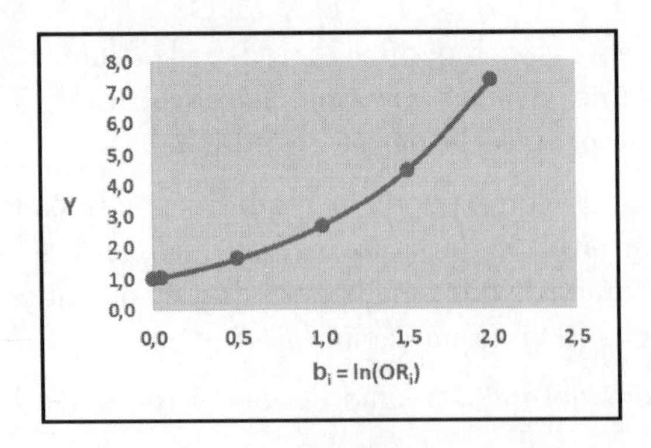

Figura 4.12 — Variação em Y vs. ln(OR).

4.4.2 GLM de Poisson – Contagens

O processo de contagem é extremamente comum no mundo real. Há inúmeras situações em que se faz necessário algum tipo de contagem, inclusive, na introdução desta seção já foram citados alguns exemplos, como a contagem de veículos chegando a um pedágio, clientes acessando por minuto um site de *e-commerce*, número de clientes chegando a um shopping center, número de ligações chegando a um *call center*, etc. A estes pode-se acrescentar muito outros, como: acidentes de trânsito por mês em um cruzamento, número de casos positivos de uma doença por mês ou número de falhas mensais em uma operação de metrô.

Esta seção trata desse tipo de variável, apresentando uma breve introdução às contagens quando os eventos individuais sendo contados são independentes, e onde do ponto de vista prático, não há limite superior para o número de eventos que podem ocorrer.

Nesses casos, uma distribuição que se adapta bem ao fenômeno é a conhecida distribuição de Poisson. É uma distribuição que se aplica a todos os inteiros não negativos e é especificamente voltada para processos de contagem. A função de probabilidades da distribuição de Poisson, é dada por 4.22:

$$P(Y = y_0) = \frac{e^{-\lambda}\lambda^{y_0}}{y_0!}, \tag{4.22}$$

onde:

λ = taxa de chegadas ao sistema (contagem por unidade de tempo);

y_0 = um valor específico de Y, para o qual se deseja determinar sua probabilidade de ocorrência.

A função de ligação mais comum usada para Poisson GLMs é a função de ligação logarítmica:

$$\text{Log}(\mu) = b_0 + b_1 x_1 + \cdots + b_k x_k. \tag{4.23}$$

O que leva a:

$$\mu = \exp(b_0 + b_1 x_1 + \cdots + b_k x_k), \tag{4.24}$$
$$\mu = \exp(b_0) + \exp(b_1) x_1 + \cdots + \exp(b_k) x_k. \tag{4.25}$$

A expressão 4.25 mostra que o impacto de cada variável explicativa é multiplicativo. Ao se aumentar o valor de X_i, por uma unidade, aumenta-se μ pelo fator $\exp(b_i)$.

Se $b_i = 0$ então, $\exp(b_i) = 1$, e, portanto, μ não se relaciona com X_i. Para $b_i > 0$, então μ cresce se X_i crescer, mas, caso se tenha $b_i < 0$, então, μ decresce se X_i crescer.

Exemplo 4.5: Regressão Logística. Neste exemplo tem-se um ambiente industrial em que podem ocorrer defeitos de fabricação de um produto. Tem-se duas filiais da empresa em que o produto é fabricado, cada uma com dois turnos de trabalho, com índices de defeito diferentes por filial e por turno. O modelo vai tentar prever a filial em que ocorre o defeito, em função dos índices de defeito nos dois turnos de operação. A tabela 4.5 apresenta os dados levantados durante 45 dias de operação simultânea nas duas filiais, tendo-se um total de 90 observações.

Tabela 4.5a — Filial A.

Lote	Filial	Turno_A	Turno_B
1	A	0,028	0,0686
2	A	0,028	0,07252
3	A	0,028	0,0931
4	A	0,0294	0,07056
5	A	0,0294	0,07154
6	A	0,0294	0,07448
7	A	0,0294	0,07938
8	A	0,0294	0,08036
9	A	0,0294	0,08134
10	A	0,0294	0,0833
11	A	0,0294	0,08526
12	A	0,0294	0,09604
13	A	0,0308	0,06958
14	A	0,0308	0,08526
15	A	0,0308	0,08918
16	A	0,0308	0,09506
17	A	0,0308	0,10682
18	A	0,0308	0,1078
19	A	0,0322	0,07154
20	A	0,0322	0,07742
21	A	0,0322	0,08232
22	A	0,0322	0,0882
23	A	0,0322	0,0882
24	A	0,0322	0,0931
25	A	0,0322	0,09408
26	A	0,0322	0,09506
27	A	0,0322	0,09898
28	A	0,0322	0,09898
29	A	0,0322	0,10388
30	A	0,0322	0,10976
31	A	0,0336	0,06174
32	A	0,0336	0,08526
33	A	0,0336	0,08624
34	A	0,0336	0,09996
35	A	0,035	0,0882
36	A	0,035	0,10682
37	A	0,0364	0,08526
38	A	0,0364	0,09898
39	A	0,0364	0,09898
40	A	0,0378	0,0833
41	A	0,0378	0,09996
42	A	0,0378	0,10584
43	A	0,0406	0,09702
44	A	0,0406	0,09898
45	A	0,0406	0,09898

Tabela 4.5b — Filial B.

Lote	Filial	Turno_A	Turno_B
46	B	0,028	0,0637
47	B	0,028	0,0637
48	B	0,0294	0,09898
49	B	0,0308	0,07056
50	B	0,0308	0,07448
51	B	0,0308	0,07742
52	B	0,0308	0,0833
53	B	0,0308	0,08918
54	B	0,0308	0,09408
55	B	0,0308	0,09408
56	B	0,0308	0,10486
57	B	0,0322	0,09408
58	B	0,0336	0,07154
59	B	0,0336	0,07742
60	B	0,0336	0,07742
61	B	0,0336	0,08918
62	B	0,0336	0,09114
63	B	0,035	0,07742
64	B	0,035	0,08428
65	B	0,035	0,08624
66	B	0,035	0,08624
67	B	0,035	0,09114
68	B	0,035	0,1078
69	B	0,035	0,12446
70	B	0,035	0,12446
71	B	0,0364	0,07546
72	B	0,0364	0,08134
73	B	0,0364	0,09212
74	B	0,0364	0,09212
75	B	0,0364	0,1029
76	B	0,0364	0,1127
77	B	0,0378	0,0784
78	B	0,0378	0,0882
79	B	0,0378	0,09408
80	B	0,0378	0,09408
81	B	0,0378	0,09604
82	B	0,0378	0,10192
83	B	0,0378	0,10878
84	B	0,0378	0,1176
85	B	0,0378	0,1225
86	B	0,0392	0,08918
87	B	0,0392	0,098
88	B	0,0392	0,09996
89	B	0,0392	0,11172
90	B	0,0392	0,1176

A análise pode ser desenvolvida por meio do R, pelas instruções apresentadas nos quadros 4.2a, 4.2b e 4.2c.

Uma prática comum em *Machine Learning* é o treinamento e teste de modelos. É uma fase de calibragem dos parâmetros do modelo. Há várias estratégias para se trabalhar o conjunto de dados, de forma a se garantir um treinamento eficaz do modelo. Aqui se está apresentando uma estratégia de subdividir o conjunto de dados em duas partes: uma para treinar o modelo e outra para testar se o modelo treinado tem uma acurácia satisfatória,

Esta criação das bases de treinamento e teste é o que é apresentado no Quadro 4.2a.

A modelagem é feita pelo código R apresentado no quadro 4.2b.

Pelos testes de hipótese dos coeficientes estimados, verifica-se que a variável Turno_B não é significativa, e se poderia então, eliminá-la do modelo.

Sobre as outras estatísticas apresentadas na saída do R, tem-se algumas que merecem ser comentadas:

```
Null deviance:  74.860 on 53 degrees of freedom

Residual deviance:  60.416 on 51 degrees of freedom

AIC: 66.416

Number of Fisher Scoring iterations:  4
```

Sobre *Null deviance* e *Residual deviance*, tem-se:

Desvio nulo: um desvio nulo baixo significa que os dados podem ser bem modelados usando apena o termo constante do modelo (intercepto com eixo vertical). Tendo-se um desvio nulo baixo, deve-se considerar o uso de poucas variáveis para modelar os dados.

Desvio residual: desvio residual baixo mostra que o modelo é apropriado.

Quadro 4.2a — Código em R – Regressão Logística pelo GLM – Exemplo 4.2 – TREINAMENTO.

```
# BIBLIOTECAS
library(readr)
library(caret)
```

```
# LEITURA dos DADOS
setwd("D:........Sua Pasta de Trabalho.....")

Dados <- read.csv("Indice_Defeitos_45dias.csv", sep = ";",
        header = T)
str(Dados)
# --- INSPECAO DOS DADOS ---
# 'data.frame':  90 obs.  of 4 variables:
# $ Lote :  int 1 2 3 4 5 6 7 8 9 10 ...
# $ Filial :  chr "AAAA"...
# $ Turno_A: num 0.028 0.028 0.028 0.0294 0.0294 0.0294 0.0294
#          0.0294 0.0294 0.0294 ...
# $ Turno_B: num 0.0686 0.0725 0.0931 0.0706 0.0715 ...

# Transforma Filial em Factor
Dados$Filial <- factor(Dados$Filial )
contrasts(Dados$Filial )

# --- Montagem de Dados para TREINAMENTO e TESTE do Modelo ---
# Separação de uma parte dos Dados para “treinar” o modelo
# (Treinamento = calibrar os parâmetros do modelo)
# A outra parte dos Dados é usada para testar o modelo obtido

# TREINAMENTO ...60% para Treinamento
Treinamento_Teste <- createDataPartition(y = Dados$Filial ,
        p = .60, list = FALSE)
Treino <- Dados[Treinamento_Teste,]
Teste <- Dados[ - Treinamento_Teste,]
dim(Treino)
dim(Teste)
# SAÍDA
# [1] 54 4
# [1] 36 4
```

O desvio residual é uma medida da falta de ajuste do seu modelo tomado como um todo, enquanto o desvio nulo é uma medida desse tipo para um modelo reduzido que inclui apenas o intercepto.

Quadro 4.2b — Código em R – Regressão Logística pelo GLM – Exemplo 4.2 – MODELAGEM.

```
# ********** MODELO de REGRESSÃO LOGÍSTICA **********
# MODELO: considerando duas Variáveis
#         Explicativas "Turno_A + Turno_B"
# Filial = variável dependente

Mod_LOG1 = glm(Filial ~ Turno_A + Turno_B, data=Treino,
family=binomial)
summary(Mod_LOG1)

# RESULTADOS para 45 DIAS de Observações dos Índices de Defeitos
# Call:
# glm(formula = Filial ~ Turno_A + Turno_B, family = binomial,
#         data = Treino)
#
# Deviance Residuals:
# Min      1Q Median     3Q      Max
# -1.77422 -0.90060 0.04109 0.85187 1.71388
#
# Coefficients:
#     Estimate Std.  Error z value Pr(>|z|)
# (Intercept)   -11.866 3.862 -3.072 0.00212 **
# Turno_A   355.544 109.894 3.235 0.00122 **
# Turno_B   -2.780 27.295 -0.102 0.91887
# ---
# Signif. codes: 0 '***' 0.001 '**' 0.01 '*' 0.05 '.'  0.1 ' ' 1
#
# (Dispersion parameter for binomial family taken to be 1)
#
# Null deviance:  74.860 on 53 degrees of freedom
# Residual deviance:  60.416 on 51 degrees of freedom
# AIC: 66.416
#
# Number of Fisher Scoring iterations:  4

# --- APLICACAO de QUI-QUADRADO para Dados de "Indice_Defeitos"
# DELTA_Deviance = [Null deviance - Residual deviance]
```

```
Mod_LOG1$deviance
# 60.41581
Mod_LOG1$null.deviance
# 74.8599

DELTA_Deviance <- Mod_LOG1$null.deviance - Mod_LOG1$deviance
DELTA_Deviance
# 14.444
# Graus de Liberdade = 2 parametros
GL <- 2

# Probabilidades da Distribuicao QUI-QUADRADO
pchisq(DELTA_Deviance, GL, lower.tail = F)
#
# RESULTADOS - QUI-QUADRADO para DELTA_Deviance
# 0.0007303403
# Modelo é altamente significativo:  p-value = 0.0007303403
# p-value muito menor que 0.05
```

Quanto menor o valor, melhor o modelo é capaz de prever o valor da variável de resposta.

Esses dois valores podem ser usados também, para um teste do modelo como um todo, que seria análogo ao teste F que é utilizado em regressão linear múltipla.

O teste é conduzido por meio da estatística qui-quadrado conforme abaixo:

$$\chi^2 = \text{desvio nulo} - \text{desvio residual}.$$

com p graus de liberdade ($p =$ número de parâmetros do modelo).

Pode-se então encontrar o valor-p associado a χ^2. E quanto menor o valor-p, melhor o modelo é capaz de se ajustar ao conjunto de dados em comparação com um modelo com apenas um termo de interceptação.

No caso, deste modelo foi feito o teste χ^2 , pelos resultados, verifica-se que *p-value* $= 0.0007303403$, o que é praticamente zero.

Logo, o modelo é altamente significativo, pois *p-value* é muito menor que $0,05$.

Pode-se afirmar que o modelo é muito útil para prever a probabilidade de que ocorram defeitos numa dada filial.

Sobre AIC – *Akaike's Information Criterion* (critério de informação de Akaike), esta é uma estatística que compara a qualidade de modelos estatísticos entre si.

Menores valores de AIC representam uma maior qualidade do modelo. Ë usado, portanto, quando se tem mais de um modelo construído e deseja-se verificar qual é o melhor.

E sobre o *Number of Fisher Scoring iterations*, deve-se considerar que a maioria dos GLMs, incluindo regressão logística, fazem uso de uma abordagem iterativa para construção do modelo. O *Number of Fisher Scoring iterations*, basicamente representa o número de iterações desenvolvidas para se construir o modelo,

O Quadro 4.2c, apresenta o código R para desenvolvimento das predições com o uso do modelo, utilizando-se a base de teste que foi gerada anteriormente.

Quadro 4.2c — Código em R – Regressão Logística pelo GLM – Exemplo 4.2 – PREDIÇÕES.

```
# ------- PREDICOES usando Dados de Teste -------
Pred.Mod1 = predict(Mod_LOG1, data=Teste, type="response")

# CRIA VETOR DE PREVISÕES
Vetor.Pred1 = rep("A", dim(Treino)[1]) # Faz todos = "A"
Vetor.Pred1
Vetor.Pred1[Pred.Mod1 > .5] = "B"# Faz = "B"para prob > 50%
Vetor.Pred1

# MATRIZ DE CONFUSÃO
MATRIZ_CONFUSAO1 <- table(Vetor.Pred1, Treino$Filial)
MATRIZ_CONFUSAO1

# Vetor.Pred1 A B
#          A 21 8
#          B 6 19
```

```
# ACURACIA
# MEDIA de PREVISTOS = REAL
Taxa_de_Sucesso1 <- mean(Vetor.Pred1 == Treino$Filial)
Taxa_de_Erro1 <- 1 - mean(Vetor.Pred1 == Treino$Filial)
Taxa_de_Sucesso1
Taxa_de_Erro1

# SAÍDA:
# > Taxa_de_Sucesso1
# [1] 0. 7407407
# > Taxa_de_Erro
# [1] 0.2592593

# ---- Impressão melhorada das Taxas de Sucesso e Erro -----
print(paste("Taxa de Sucesso - TESTE:",
        100*round(Taxa_de_Sucesso1, 4),"%"))
print(paste("Taxa de Erro - TESTE:",
        100*round(Taxa_de_Erro1, 4),"%"))

# SAÍDA:
# "Taxa de Sucesso - TESTE: 74.07 %"
# "Taxa de Erro - TESTE: 25.93 %"
```

Os resultados obtidos para as predições tiveram uma taxa de sucesso de 74,07% o que é bem razoável.

5

MODELOS DE ANÁLISE E PREVISÃO DE SÉRIES TEMPORAIS

Este capítulo faz uma introdução aos conceitos e técnicas que lidam com os problemas de análise e previsão de séries temporais. Será apresentada uma introdução ao tema, mostrando seus principais conceitos e técnicas.

Sobre técnicas, o capítulo apresenta em uma primeira fase as mais simples que não envolvem aspectos probabilísticos mais avançados associados às previsões. Em seguida são apresentadas técnicas mais sofisticadas, que envolvem processos estocásticos.

5.1 Séries Temporais: Conceitos Básicos

Muitas vezes uma série temporal, também chamada de série de tempo, tem papel decisivo em todo o planejamento de uma instituição ou de uma operação. Esta primeira seção trata dos vários aspectos ligados à natureza dessas séries.

Há muitos tipos de variáveis em que se pode ter interesse de análise sobre o seu comportamento ao longo do tempo, e eventualmente, desenvolver previsões para períodos futuros. Esse tipo de variável é encontrado em praticamente qualquer área de atividade. Alguns exemplos, seriam:

- Vendas de uma empresa (ou sua demanda);
- Incidência de casos de uma doença;
- Pacientes atendidos em Unidades de Saúde;
- Número de Acidentes de trânsito;
- Preços de ações na bolsa de valores;
- Volume movimentado em uma bolsa de valores;
- Número de Acessos a um site;
- Chegada de veículos em um pedágio;
- Faltas de funcionários;
- Incidência de furtos e roubos;
- etc.

A título de ilustração, será utilizado aqui o caso da demanda de uma empresa, que é um tipo de série, em que toda organização tem interesse no seu histórico e em previsões para períodos futuros. Na verdade, praticamente toda a estrutura de uma operação empresarial está voltada para o atendimento de uma dada demanda. É a demanda o fator principal que determina a necessidade estrutural de uma empresa. O conhecimento de suas características, portanto, é fator chave para um bom planejamento.

Independentemente da área de atividade de uma empresa, a análise da demanda, assim como de outros tipos de séries de tempo, revela algumas características gerais que são bastante conhecidas e estudadas na literatura do assunto.

Dentre outros aspectos, há dois pontos que Ballou (2006) destaca em relação à demanda, que podem ser estendidos para a grande maioria das variáveis. São eles:

- Regularidade e Distribuição Temporal dos valores observados da variável;
- Distribuição Espacial da variável.

A distribuição temporal diz respeito à evolução da variável ao longo do tempo. Esta é informação chave para o desenvolvimento de previsões de uma variável. É a série de dados observados de uma variável ao longo do tempo, que na prática, se costuma chamar de dados históricos. A partir de séries temporais de demanda é possível determinar padrões, que poderão permitir a construção de previsões da variável.

Em relação a esses aspectos, pode-se conceituar como regular uma série temporal para a qual seja possível se estabelecer algum padrão para seu comportamento ao longo do tempo, mesmo que haja variações neste comportamento. Padrões típicos são apresentados nas figuras 5.1 a 5.4.

Já na figura 5.5 apresenta-se uma variável sem qualquer padrão que possa ser identificável. Neste caso, esta seria considerada uma variável de comportamento irregular.

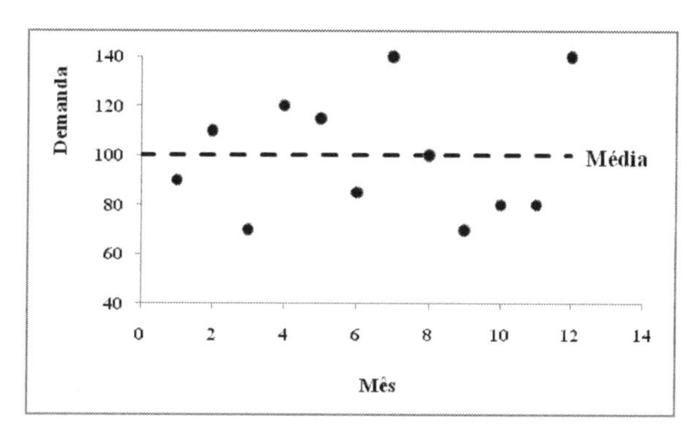

Figura 5.1 — Variável aleatória, sem tendência e sem sazonalidade.

Exemplo da Demanda de uma empresa.

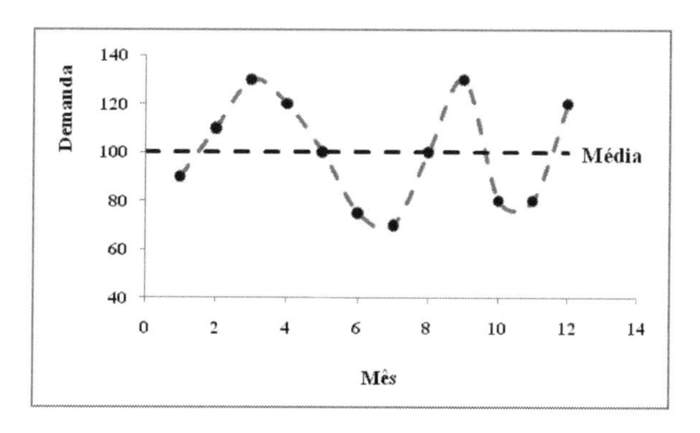

Figura 5.2 — Variável aleatória, sem tendência, mas com sazonalidade.

Exemplo da Demanda de uma empresa.

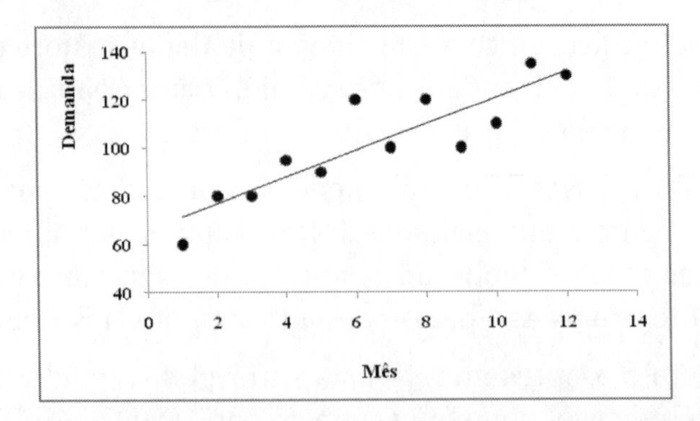

Figura 5.3 — Variável aleatória, com tendência, mas sem sazonalidade.

Exemplo da Demanda de uma empresa.

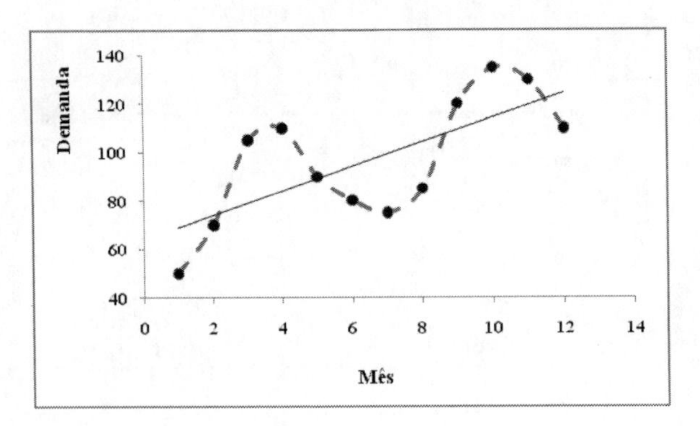

Figura 5.4 — Variável aleatória, com tendência e com sazonalidade.

Exemplo da Demanda de uma empresa.

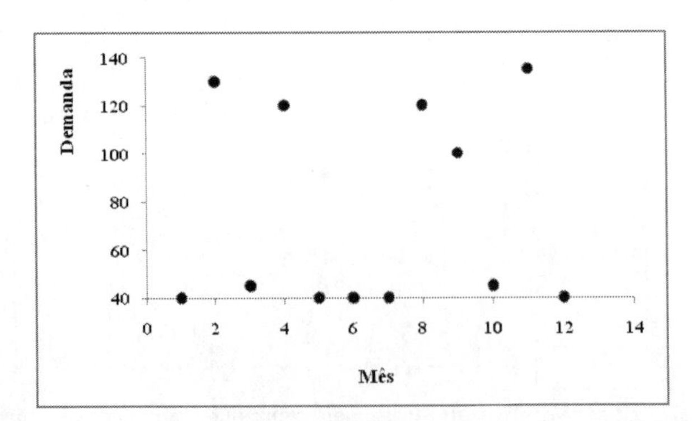

Figura 5.5 — Variável com comportamento Irregular – *sem padrão definido.*

Exemplo da Demanda de uma empresa.

Note-se que nas figuras 5.1 a 5.4 há variações na variável, porém, esta variação ocorre dentro de um certo padrão, que é possível definir e, inclusive pode-se utilizar esse padrão para desenvolver previsões da variável para períodos futuros. Já na figura 5.5 há grande irregularidade, não sendo possível identificar um padrão de comportamento. Pode-se assim concluir que uma variável pode ser considerada irregular quando ocorre de forma intermitente ou gera um nível elevado de incerteza sobre seu nível.

Note-se que toda variável aleatória, tem algo de irregular, pois isto é da característica de variáveis aleatórias. Porém, uma variável pode ser considerada regular se estas variações aleatórias se constituem em uma parte menor de sua variação total, sendo o restante desta variação explicado por fatores conhecidos, como: uma tendência de crescimento ou uma sazonalidade. Uma variável de comportamento regular tem assim, variações nos seus valores observados ao longo do tempo, porém, essa variação se daria segundo certas características que permitiriam que se desenvolvesse previsões da variável, para períodos futuros.

Já uma variável irregular tem a maior parte de seu comportamento não explicado por fatores conhecidos, tendo, portanto, uma parte considerável de variação aleatória. Neste caso, a elaboração de previsões torna-se uma tarefa extremamente difícil.

Uma outra forma de classificação seria em relação à forma como se deseja visualizar uma demanda. Isto pode se dar em relação ao *tempo* e ao *espaço*, e neste caso, trata-se da Distribuição Espacial da variável.

A distribuição espacial se refere à distribuição da variável em regiões geográficas, como, por exemplo: região sul e região norte do país. Esta informação pode ser muito importante para diferentes tipos de decisões, como: localização de instalações, transporte, policiamento e outras. Na verdade, em grande parte das variáveis é muito importante ter-se não somente uma visão temporal, mas também uma visão espacial do seu comportamento. Isto é fundamental, por exemplo, em epidemias, vendas, logística, atendimento a pacientes, segurança pública etc. Em todos esses casos, é preciso se ter o conhecimento de *onde* e *quando* os eventos vão ocorrer. E com a distribuição espacial, pode-se desenvolver diferentes previsões para períodos futuros, específicas por região.

5.2 Componentes de uma Série Temporal

A literatura (Box *et al.*, 2016; Hyndman e Athanasopoulos, 2021) costuma apresentar uma decomposição das séries em duas parcelas principais:

- Parte Previsível, chamada de *Componente Sistemático* e;
- Parte Aleatória, chamada de *Componente Aleatório*.

Esta decomposição possibilita o desenvolvimento de processos de previsão da variável, que corresponde na verdade, a uma previsão do componente sistemático, e é possível se associar a esta previsão uma estimativa do comportamento de seu componente aleatório, que corresponderá ao "erro de previsão" (uma margem de erro para a previsão).

5.2.1 Componente Sistemático da Variável (Parte Previsível)

O componente sistemático, pode ser decomposto em ao menos quatro segmentos principais:

- Nível da Variável;
- Tendência;
- Sazonalidade e;
- Fatores Cíclicos.

- **Nível da Variável**

  O nível representa o patamar em que a variável se encontra e pode ser representado por médias de períodos. A figura 5.6, por exemplo, apresenta médias trimestrais da demanda de uma empresa, mostrando a evolução dos níveis dos trimestres de um ano. O nível pode ser considerado como uma previsão adequada para uma variável que não apresente os outros componentes: sazonalidade, tendência ou fatores cíclicos.

- **Tendência**

A tendência representa um comportamento sistemático da variável, que caminha em alguma direção, ao longo do tempo. Esta variação pode ser positiva (crescimento), negativa (queda) ou neutra (variável se mantém aproximadamente constante).

É uma variação que deve ser observada em períodos razoavelmente longos de tempo, pois mesmo com uma tendência de crescimento, por exemplo, é possível se observar quedas em períodos curtos, mas depois esta volta a crescer, mantendo a tendência de crescimento. Somente com um período longo de observação (acima de 12 meses, por exemplo, se a unidade de tempo considerada for o mês).

A tendência é, em geral, representada por uma reta de tendência, que se ajusta aos dados observados da variável. Para os dados da figura 5.6 pode-se identificar uma tendência de crescimento da variável, e essa reta de tendência é representada na figura 5.7.

- **Sazonalidade**

  A sazonalidade é um comportamento de aumento ou de queda da variável que regularmente se repete em períodos específicos. Um aumento de vendas do varejo na época de Natal e no dia das mães, por exemplo, são movimentos sazonais bastante conhecidos.

  A magnitude destas variações sazonais, para cima ou para baixo, pode ser obtida a partir dos históricos da variável, possibilitando assim, desenvolver previsões levando em consideração a sazonalidade de cada período.

  Note-se que a sazonalidade é identificada mesmo que haja uma tendência na variável, conforme pode ser visualizado na figura 5.8.

- **Ciclos**

  Quando se observam mudanças no nível da variável ocorrendo de forma cíclica, em geral em períodos mais longos (podendo ser acima de 12 meses), diz-se que existem ciclos no comportamento desta variável.

- **Outros Fatores**

  Muitos outros fatores podem impactar o comportamento de uma dada variável. A identificação destes outros fatores é função de cada analista de dados, em particular. Através do acompanhamento cuidadoso da variável e relacionando-a com eventos e características específicas de cada situação é possível a identificação de uma série de fatores. Mas, isto requer persistência no trabalho de coleta de dados da variável e organização e técnicas adequadas no processo de preparação, análise e modelagem dos dados.

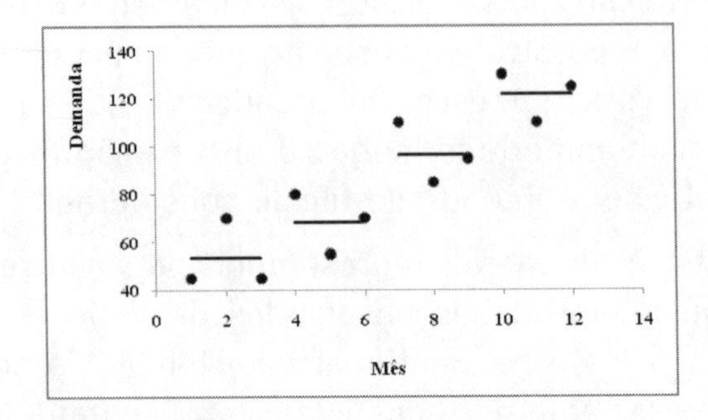

Figura 5.6 — Diferentes "Níveis" da Demanda de uma empresa.

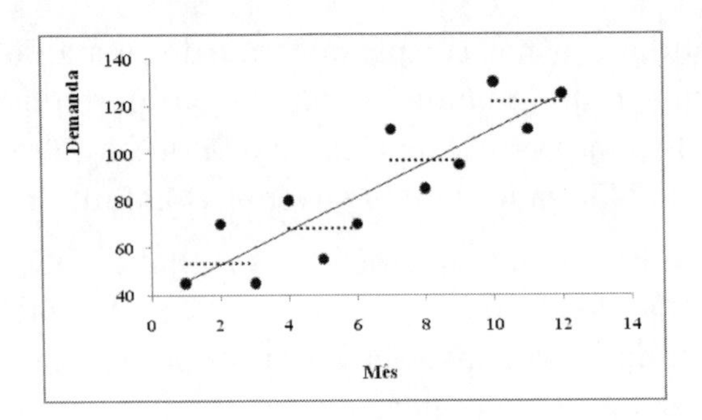

Figura 5.7 — "Níveis" e reta de Tendência da Demanda de uma empresa.

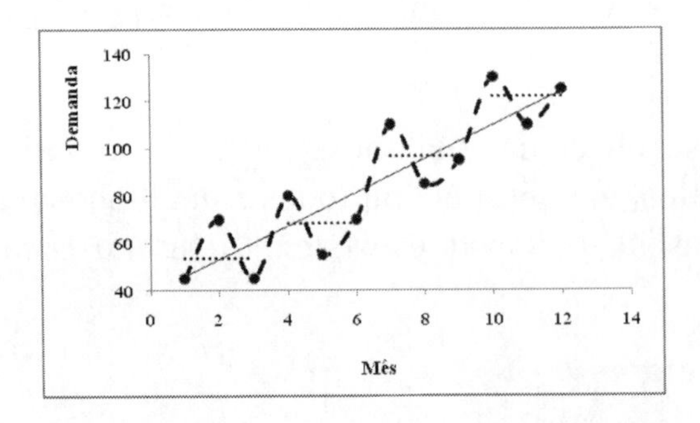

Figura 5.8 — Nível, Tendência e Sazonalidade da Demanda de uma empresa.

5.2.2 Componente Aleatório da Variável (erro de previsão)

A parte aleatória é uma variação não explicada da variável em estudo. É uma variação para a qual não se conhece explicação. É um comportamento de aumento ou de queda, que aparentemente não tem explicação. Isto normalmente ocorre devido ao impacto de um conjunto muito grande de fatores. A identificação destes fatores não acontece, porque o impacto de cada um na variação da variável é extremamente pequeno. Se a variação gerada por cada um destes fatores pudesse ser isolada, provavelmente seria tão pequena que passaria imperceptível se este fosse o único a impactar a variável. Porém, quando a influência de todos esses fatores é somada, isto gera uma alteração perceptível e muitas vezes considerável.

Cada vez que um destes fatores passa a ser identificado, a previsão de variável melhora, pois a parcela aleatória diminui.

A parcela aleatória é assim, a nossa "ignorância" a respeito de uma parte dos fatores que afetam o comportamento da variável.

Como é muito difícil a identificação de todos esses fatores, a perspectiva é que essa parte aleatória irá sempre existir.

Os componentes discutidos acima representam os fatores principais utilizados nas técnicas de análise e previsão de séries temporais, conforme será visto nas próximas seções.

5.3 Modelos, Aditivos, Multiplicativos e Mistos

Existem diferentes técnicas, desde as mais intuitivas até mais sofisticadas. São métodos que trabalham com uma série temporal de uma variável, e a partir desses dados procuram estimar tendências e variações sazonais e cíclicas, se houverem. Com base nesses comportamentos são desenvolvidos modelos matemáticos que projetam a variável para os próximos períodos.

Convém observar, que toda previsão está sujeita a um nível de erro, que é determinado quando se compara uma previsão feita com o valor efetivo da variável. E com base em erros passados é possível prever erros futuros.

Outro aspecto a se observar é que as técnicas baseadas em séries temporais, partem do pressuposto de que o futuro deverá de alguma forma ter similaridade com o passado, e esta hipótese guia a construção de modelos que serão utilizados para projetar as variáveis para períodos futuros. Mas deve-se convir, que isto nem sempre se verifica na prática, principalmente quando se considera previsões para médio e longo prazo. Por isto, modelos baseados em séries temporais são mais utilizados para previsões de curto prazo, onde é mais factível que a similaridade com o passado se verifique e os resultados podem ter menor nível de erro.

Para previsões de médio prazo são utilizados os chamados modelos causais, que se baseiam em análise de regressão. E para longo prazo, são mais utilizadas técnicas qualitativas.

Porém, mesmo a curto prazo, o futuro pode reservar surpresas, assim para melhorar as previsões, os modelos de séries temporais podem ser complementados com a incorporação de perspectivas de futuro, que se tenha conhecimento, tais como:

- informações sobre perspectivas de novos eventos com impacto na variável;
- novas legislações que provavelmente terão impacto na variável;
- novas políticas que podem afetar a variável;
- novas tecnologias que poderão ter impacto na variável;
- novos situações ambientais que poderão afetar a variável;
- etc.

Aspectos como estes podem complementar um modelo, pois estes são fatores que podem alterar o comportamento futuro da variável, fazendo com que este se altere em relação ao passado.

Sobre a estrutura e construção dos modelos baseados em séries temporais, o que se busca é uma previsão para o *componente sistemático da variável* e, posteriormente, se estabelece uma margem de erro para aquela previsão.

Em geral, utiliza-se um de três tipos de equacionamento:

  - Multiplicativo;
  - Aditivo ou;
  - Misto

- **Multiplicativo:**

  Neste tipo de modelo os três elementos principais da parte previsível da variável – nível, tendência e sazonalidade – são multiplicados entre si:

  Componente Sistemático = (Nível) · (Tendência) · (Fator de Sazonalidade).

- **Aditivo:**

  Neste caso os três elementos principais da parte previsível da variável são somados entre si:

  Componente Sistemático = Nível + Tendência + Fator de Sazonalidade.

- **Misto:**

  Neste tipo de modelo dois elementos da parte previsível da variável, o nível e a tendência, são somados, e em seguida esta soma é multiplicada por um fator de sazonalidade:

  Componente Sistemático = (Nível + Tendência) · (Fator de Sazonalidade).

  Os modelos matemáticos podem ainda ser classificados segundo o processo matemático utilizado pelos modelos. Cada processo utilizado representa na verdade, uma hipótese básica que está por trás da concepção do modelo de previsão.

  Sob este ponto de vista, podem-se ter dois tipos de modelos:

- **Modelos de Previsão Estática**

  Estes modelos consideram que todo o erro de previsão se deve ao componente aleatório, sendo o componente sistemático perfeitamente previsível.

- **Modelos de Previsão Adaptável**

Neste caso, os modelos consideram que só uma parte do erro se deve ao componente aleatório, e outra parte se deve ao próprio componente sistemático, que deve sofrer ajustes.

Neste tipo de modelo os elementos do componente sistemático vão sendo ajustados através de médias ponderadas a cada período.

Serão vistos nas próximas seções os principais modelos de previsão adaptável.

5.4 Modelos de Suavização ou de Alisamento

Estes são modelos em que são aplicados "filtros" a uma série, de forma a se procurar suavizar variações bruscas na série original dos dados históricos considerados. Assim, altas ou quedas elevadas em um dado período são amenizadas com esses modelos. Diz-se assim, que a série filtrada foi "alisada" ou "suavizada" (*smoothing*).

Espera-se que com isto, consiga-se captar melhor as tendências da série, e assim, desenvolver uma previsão mais próxima dessas tendências, sem estar sujeita a variações bruscas.

Por agirem transformando as séries históricas originais, de forma a suavizá-las, esses modelos são entendidos como "filtros" agindo sobre as séries, para eliminar eventuais "ruídos".

Tem-se diferentes tipos de modelos que seguem essa estratégia. Na sequência são apresentados os principais.

5.4.1 Média Móvel

Esta seção apresenta a formulação para o mais simples dos filtros lineares de suavização aplicados a uma série, que é chamado de Média Móvel (MM).

É possível se estabelecer três tipos de Média Móveis: a MM Simples, MM Ponderada e MM Centrada. Esses três tipos são apresentados na sequência.

5.4.1.1 Média Móvel Simples – MM

Em 5.1 apresenta-se um exemplo considerando-se que serão utilizados 3 períodos para cálculo de MM. Neste caso, se diz que se tem uma Média Móvel "de 3 períodos".

O número de períodos da MM pode ser de qualquer tamanho, maior ou menor que 3, bastando incorporar ou reduzir as observações no cálculo de MM:

$$F_t = \frac{Y_{t-3} + Y_{t-2} + Y_{t-1}}{3}, \tag{5.1}$$

onde:

F_t = Previsão (*forecast*) para a variável Y, para o período t;
Y_t = valor real da variável Y em estudo, para o período t.

Generalizando-se, tem-se para um período n qualquer, a expressão 5.2:

$$F_t = \frac{Y_{t-n} + Y_{t-(n-1)} + Y_{t-(n-2)} + \cdots + Y_{t-1}}{n}, \tag{5.2}$$

onde:

n = número de períodos considerados no cálculo de MM.

Este é um modelo que é mais indicado para séries sem Tendência ou Sazonalidade, que é o caso, por exemplo, da demanda de produtos já consolidados no mercado, que já se encontrem em sua fase de maturidade.

Exemplos: Demanda de grãos, massas, temperos, sabão em pó, sabonetes, etc. Note-se que com um modelo de MM, pode-se prever apenas o próximo período. Todos os demais períodos à frente teriam a mesma previsão. É, portanto, um modelo de previsão muito simples, e por isso mesmo a MM é pouco usada para previsões, sendo mais empregada como um filtro para transformar uma série temporal suavizando-a, e assim, possibilitar que se identifique com maior clareza sua tendência, por exemplo.

Deve-se destacar que o nível da suavização aplicado à série histórica original será de maior ou menor intensidade dependendo do valor de n, o número de períodos considerados no cálculo de MM. Quanto maior o valor de n, maior será a suavização imposta à série original de dados.

5.4.1.2 Média Móvel Ponderada – MMP

É similar à MM, exceto que agora os valores observados em cada período recebem um peso. Em 5.3 apresenta-se a formulação para um exemplo com 3 períodos

$$F_t = \frac{p_1 \cdot Y_{t-3} + p_2 \cdot Y_{t-2} + p_3 \cdot Y_{t-1}}{3}, \tag{5.3}$$

onde:

$$p_t = \text{peso atribuído ao período } t \ (t = 1, 2, 3).$$

A soma de p_t para todos os valores de t, deve ser sempre igual a 1. No caso de 5.3, ter-se-ia:

$$p_1 + p_2 + p_3 = 1. \tag{5.4}$$

Este modelo também é mais indicado para séries sem Tendência ou Sazonalidade

Exemplos: Demanda de produtos consolidados no mercado (fase de maturidade), como é o caso de grãos, massas, temperos, sabão em pó, sabonetes, etc.

5.4.1.3 Média Móvel Centrada – MMC

Neste caso, utiliza-se o período t como o sendo o período central dos períodos considerados para cálculo da Média Móvel. Com isto, consegue-se reduzir de forma mais efetiva possíveis efeitos sazonais.

Em 5.5, tem-se a expressão para um caso de Média Móvel de 3 períodos:

$$F_t = \frac{Y_{t-1} + Y_t + Y_{t+1}}{3}. \tag{5.5}$$

Este é um modelo mais indicado para séries com Sazonalidade. Com a aplicação desta Média Móvel, transforma-se a série histórica original em uma série dessazonalizada.

Exemplo 5.1: Cálculo de Médias Móveis. Tem-se dados da demanda de uma empresa durante 12 meses de um ano e sua média histórica.

Deseja-se calcular três tipos de MMs de 3 períodos:

a) MMS até o Mês 12 e projetar para o mês 1 do próximo ano;

b) MMC e MMCP de 3 períodos para o primeiro ano.

Aplicando-se as fórmulas 5.2, 5.3 e 5.5, tem-se todas as Médias Móveis calculadas:

Tabela 5.1 — Dados e Cálculos – Exemplo 5.1.

		t=1	t=2	t=3	t=4	t=5	t=6	t=7	t=8	t=9	t=10	t=11	t=12	t=13
SÉRIES	Média Histór.	Mês 1	Mês 2	Mês 3	Mês 4	Mês 5	Mês 6	Mês 7	Mês 8	Mês 9	Mês 10	Mês 11	Mês 12	Mês 1
Original	190	160	266	138	246	180	235	245	192	148	146	135	190	
MMS	---	---	---	205,3	188,0	216,7	188,0	220,3	220,0	224,0	195,0	162,0	143,0	157,0
MMC	---	205,3	188,0	216,7	188,0	220,3	220,0	224,0	195,0	162,0	143,0	157,0		
MMCP	---	196,2	187,4	223,6	178,8	224,0	209,5	229,4	209,7	169,6	144,8	151,5		

Na figura 5.9 tem-se as curvas da série original e de todas as Médias Móveis.

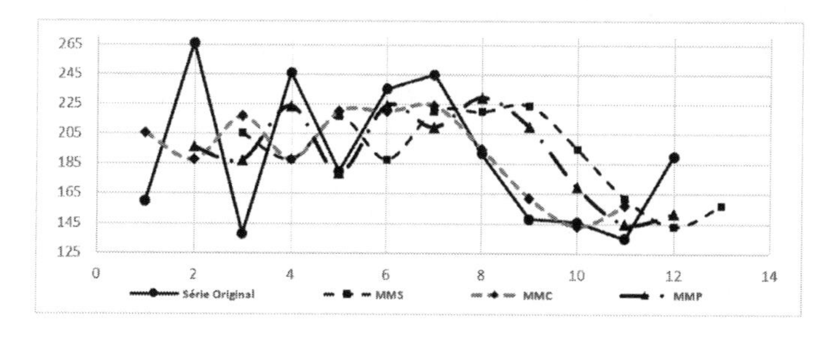

Figura 5.9 — Curvas da Série Original e das MMs.

5.4.2 Alisamento Exponencial

Este modelo é uma MM com Suavização Exponencial – **MMSE.** O modelo considera, para determinar a previsão F_t, o valor real da variável em estudo do período anterior (Y_{t-1}) e também a previsão do período anterior (F_{t-1}).

A suavização exponencial se dá pela introdução de um fator de alisamento α, que é aplicado às previsões, conforme 5.6:

$$F_t = \alpha \cdot Y_{t-1} + (1 - \alpha) \cdot F_{t-1}, \tag{5.6}$$

onde: α = constante de alisamento exponencial (entre 0 e 1).

A exemplo de modelos anteriores, este é um modelo mais indicado para séries que não apresentem indícios relevantes de Tendência ou de Sazonalidade.

Que é o caso, por exemplo, da demanda de produtos consolidados no mercado (fase de maturidade)

Exemplos: Grãos, massas, temperos, sabão em pó, sabonetes, etc.

Note que se formos considerar mais um período à frente ($t + 1$) a sua previsão seria:

$$F_{t+1} = \alpha \cdot Y_t + (1 - \alpha) \cdot F_t. \tag{5.7}$$

Mas, F_t pode ser substituído por 5.6, e se ficaria com:

$$F_{t+1} = \alpha \cdot Y_t + (1 - \alpha) \cdot (\alpha \cdot Y_{t-1} + (1 - \alpha) \cdot F_{t-1}). \tag{5.8}$$

Desenvolvendo-se 5.8, chega-se a:

$$F_{t+1} = \alpha \cdot Y_t + \alpha \cdot (1 - \alpha) \cdot Y_{t-1} + (1 - \alpha)^2 \cdot F_{t-1}. \tag{5.9}$$

Generalizando-se, chega-se a:

$$F_{t+1} = \alpha \cdot Y_t + \alpha \cdot (1 - \alpha) \cdot Y_{t-1} + (1 - \alpha)^2 \cdot F_{t-1} + \cdots + (1 - \alpha)^n \cdot F_{t-n}. \tag{5.10}$$

Sendo n, o número de períodos anteriores da série histórica.

Percebe-se assim, que as previsões são médias ponderadas de todas as observações anteriores $t-j$ ($j = 0, 1, 2, \ldots, n$), com os pesos decaindo geometricamente à medida que as observações ficam mais distantes (j crescendo). Quanto mais recente a observação maior o peso associado.

E em relação ao fator de alisamento α, quanto mais próximo de 1 estiver, maior será o peso atribuído às observações mais recentes, e por outro lado, quanto mais próximo de zero α estiver, mais os pesos estarão distribuídos ao longo de toda a série histórica.

Assim, a intensidade de suavização da série será tanto maior quanto menor for o valor de α.

Exemplo 5.2: Cálculo de Alisamento Exponencial (MMSE). Utilizando-se os mesmos dados de Demanda do Exemplo 5.1, desenvolve-se agora o processo de Alisamento Exponencial ou a MMSE – MM com Suavização Exponencial.

Aplicando-se a expressão 5.6, para $\alpha = 0,3$ tem-se a MMSE:

Tabela 5.2 — Dados e Cálculos – Exemplo 5.2.

		t=1	t=2	t=3	t=4	t=5	t=6	t=7	t=8	t=9	t=10	t=11	t=12	t=13
SÉRIES	Média Histór.	Mês 1	Mês 2	Mês 3	Mês 4	Mês 5	Mês 6	Mês 7	Mês 8	Mês 9	Mês 10	Mês 11	Mês 12	Mês 1
Original	190	160	266	138	246	180	235	245	192	148	146	135	190	---
MMSE	---	190,0	181,0	206,5	186,0	204,0	196,8	208,2	219,3	211,1	192,2	178,3	165,3	172,7

Na figura 5.10 tem-se as curvas da série original e da MMSE.

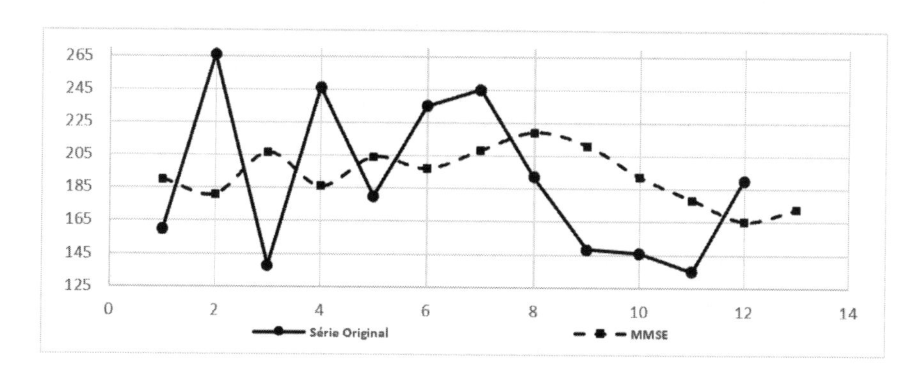

Figura 5.10 — Curvas da Série Original e da MMSE.

5.4.3 Modelo de Ajuste Sazonal

Este é um modelo que considera séries com Nível, Tendência e Sazonalidade combinados, conforme apresentado em 5.11:

$$F_t = (\text{Nível} + \text{Tendência}) \cdot (\text{Fator de Sazonalidade}) .$$

A Tendência é expressa por uma reta, cuja equação 5.12, é obtida por meio de uma regressão:

$$T_t = (a + b \cdot t) , \tag{5.12}$$

onde:

T_t = tendência dessazonalizada;
a = fornece o **Nível** inicial da reta de Tendência;
b = fornece a **Inclinação** da equação da reta de Tendência.

A equação desta reta, é obtida por meio de regressão, estimada a partir da série histórica de observações, dessazonalizada. Neste caso, aplica-se MMC à série original e estima-se a equação da reta de regressão para a série de MMC.

O Fator de Sazonalidade para o período t, é obtido por meio de 5.13:

$$S_t = \frac{Y_t}{T_t}, \tag{5.13}$$

onde: S_t = Fator de sazonalidade para o período t $(t = 1, 2, \ldots, n)$.

A equação final da previsão é apresentada em 5.14:

$$F_t = (a + b \cdot t) \cdot S_t. \tag{5.14}$$

Este modelo já permite previsões para um número maior de períodos futuros, e não para apenas um, como a MM. Mas, de qualquer forma, é indicado para previsões de curto prazo.

Exemplo 5.3: Modelo de Ajuste Sazonal. Utilizando-se os mesmos dados de Demanda do Exemplo 5.1, e a MMSE do Exemplo 5.2, foi estabelecida por meio de uma planilha eletrônica a equação de tendência. Com isto, desenvolve-se agora um Modelo de Ajuste Sazonal, utilizando-se as expressões 5.13 e 5.14.

Tabela 5.3a — Dados e Cálculos – Exemplo 5.3.

		Ano 1											
		t=1	t=2	t=3	t=4	t=5	t=6	t=7	t=8	t=9	t=10	t=11	t=12
SÉRIES	Média Histór.	Mês 1	Mês 2	Mês 3	Mês 4	Mês 5	Mês 6	Mês 7	Mês 8	Mês 9	Mês 10	Mês 11	Mês 12
Original	190	160	266	138	246	180	235	245	192	148	146	135	190
MMSE	---	190,0	181,0	206,5	186,0	204,0	196,8	208,2	219,3	211,1	192,2	178,3	165,3
S_t	---	0,80	1,34	0,70	1,25	0,92	1,20	1,26	0,99	0,77	0,76	0,70	1,00

Tabela 5.3b — Sazonalidade e Previsões – Exemplo 5.3.

	Ano 2			
	t=13	t=14	t=15	t=16
SÉRIES	Mês 1	Mês 2	Mês 3	Mês 4
S_t	0,80	1,34	0,70	1,25
F_t	152,8	254,0	131,8	234,8

Na figura 5.11 tem-se as curvas da série original, MMSE, reta de tendência e respectiva equação, tendência futura e previsões para um horizonte de 4 períodos no futuro.

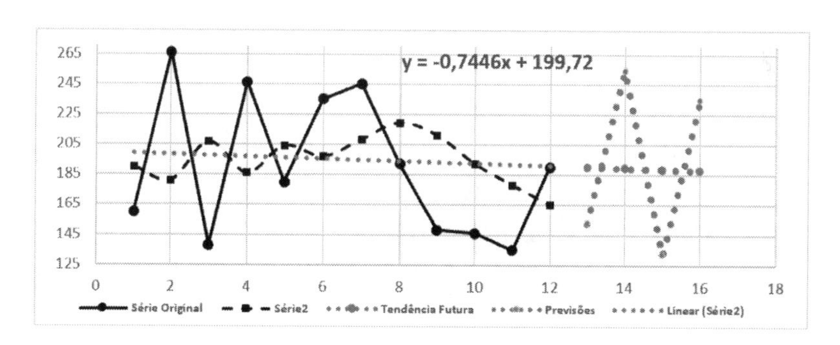

Figura 5.11 — Curvas da Série Original, MMSE, Tendência e Previsões.

5.4.4 Modelo de Holt-Winter

Esse modelo foi desenvolvido por Winter, e é uma extensão do modelo de Holt, que propôs uma suavização exponencial dupla. A Suavização

Exponencial aqui, considera Nível, Tendência e Sazonalidade. É similar, portanto, ao modelo de ajuste sazonal. A diferença é que aqui esses três componentes são submetidos a um processo de alisamento exponencial, com constantes de alisamento diferentes para cada componente. É indicado, portanto, para séries que apresentem Tendência e Sazonalidade. A expressão 5.15 apresenta o modelo:

$$F_{t+n} = (L_t + n \cdot T_t) \cdot S_{t+n}, \tag{5.15}$$

onde:

$$F_t = \text{Previsão para o período } t;$$
$$L_t = \text{Nível } (\textit{level}) \text{ para o período } t;$$
$$T_t = \text{Tendência para o período } t;$$
$$S_t = \text{Sazonalidade para o período } t.$$

Todos os parâmetros são ajustados por alisamento exponencial, conforme 5.16 a 5.18:

$$L_{t+1} = \alpha\left(\frac{Y_{t+1}}{S_{t+1}}\right) + (1-\alpha)(L_t + T_t), \tag{5.16}$$

$$T_{t+1} = \beta(L_{t+1} - L_t) + (1-\beta)T_t, \tag{5.17}$$

$$S_{t+p+1} = \gamma\left(\frac{Y_{t+1}}{L_{t+1}}\right) + (1-\gamma)S_{t+1}, \tag{5.18}$$

onde:

$$Y_t = \text{valor real de Y no período } t;$$
$$\alpha = \text{constante de alisamento para o Nível } (0 < \alpha < 1);$$
$$\beta = \text{constante de alisamento para a Tendência } (0 < \beta < 1);$$
$$\gamma = \text{constante de alisamento para a Sazonalidade } (0 < \gamma < 1);$$
$$P = \text{ciclo de sazonalidade.}$$

Este também é um modelo que permite previsões para um número maior de períodos futuros, e não para apenas um, como a MM. Sendo indicado também para previsões de curto prazo.

Uma vez que se tenha a previsão final, seja qual for o modelo utilizado, é necessário que se avalie a acurácia dessa previsão, e para isso há uma série de indicadores de erro, sendo possível, inclusive, se estabelecer uma "margem de erro" para as previsões feitas para cada período previsto, no horizonte de tempo das previsões. A próxima seção apresenta esses indicadores.

Exemplo 5.4: Modelo de Holt-Winter. Utilizando-se os dados de Demanda de uma empresa, apresentados abaixo, gerar previsões para os próximos 12 meses, por meio de um modelo de Holt e Winter, conforme dados apresentados na tabela 5.4.

Tabela 5.4 — Dados para Modelagem de Holt-Winter.

ANO	Mês 1	Mês 2	Mês 3	Mês 4	Mês 5	Mês 6	Mês 7	Mês 8	Mês 9	Mês 10	Mês 11	Mês 12
2019	160	266	138	246	180	235	245	192	148	146	135	190
2020	170	274	144	250	182	239	251	200	158	158	149	206
2021	175	279	149	255	187	244	256	205	163	163	154	211

Os modelos anteriores exigem menos cálculos, e foram resolvidos por meio de planilha eletrônica, mas este modelo de Holt-Winters é mais trabalhoso, então convém que seja resolvido pelo R, onde pode-se desenvolver toda a análise fazendo-se uso das instruções apresentadas no quadro 5.1.

Quadro 5.1 — Código em R – Modelo de Holt-Winter – Exemplo 5.4.

```
# ENTRADA de DADOS
Demanda <- c(160,266,138,246,180,235,245,192,148,146,135,190,
        170,274,144,250,182,239,251,200,158,158,149,206,
        175,279,149,255,187,244,256,205,163,163,154,211)

# --- Transforma Dados de Entrada em formato TS - Time Series
Demanda_TS <- ts(Demanda, start = c(2019, 1), end = c(2021, 12),
        frequency = 12) # Frequency is 12 so data is monthly
str(Demanda_TS) # Inspeciona Dados

# -------- Gera MODELO de HOLT-WINTER --------
Modelo_HW_Demanda <- HoltWinters(Demanda_TS)
```

```
# ---- GERA PREVISOES e GRAFICO usando Funcoes de HOLT-WINTER
# Horizonte de Tempo de Previsoes de "H"meses
H = 12
PREV <- forecast:::forecast.HoltWinters(Modelo_HW_Demanda, h=H)
PREV # Lista Previsoes (Valor Previsto e Intervalos de
#       Confianca de 80% e 95%)

# ------- RESULTADOS DAS PREVISOES -------
#     Point Forecast Lo 80 Hi 80 Lo 95 Hi 95
# Jan 2022 191.1690 187.6871 194.6509 185.8439 196.4941
# Feb 2022 295.1713 290.2472 300.0955 287.6405 302.7022
# Mar 2022 165.0070 158.9761 171.0378 155.7836 174.2304
# Apr 2022 270.6760 263.7122 277.6398 260.0257 281.3262
# May 2022 202.1783 194.3925 209.9641 190.2710 214.0857
# Jun 2022 258.5140 249.9851 267.0429 245.4701 271.5578
# Jul 2022 272.3497 263.1374 281.5619 258.2607 286.4386
# Aug 2022 219.1853 209.3370 229.0337 204.1236 234.2471
# Sep 2022 175.1876 164.7419 185.6334 159.2123 191.1630
# Oct 2022 173.3566 162.3459 184.3674 156.5171 190.1962
# Nov 2022 162.6923 151.1441 174.2405 145.0309 180.3538
# Dec 2022 218.0280 205.9663 230.0897 199.5812 236.4748

# Grafico:  Serie Historica de Demanda e Previsoes
forecast:::plot.forecast( PREV, xlab = "Anos",
          ylab = "Demanda", type = "o",
          main ="Série Historica de Demanda e Previsões")
```

A figura 5.12 apresenta o gráfico gerado no R.

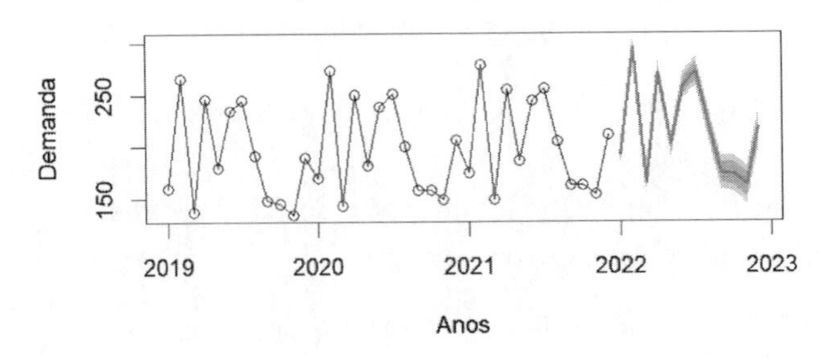

Figura 5.12 — Saída do R: Modelo de Holt-Winter – Série Histórica e Previsões.

5.5 Indicadores de Erros de Previsão

Inicialmente, é importante lembrar que toda previsão está sujeita a erro. E as métricas de erro, buscam justamente medir esses erros para avaliar a acurácia dos Modelos de Previsão

Essas métricas devem seguir certos pressupostos:

- devem ser claras e objetivas;
- devem estar voltadas para os objetivos das decisões impactadas pelas previsões

Há uma gama considerável de Indicadores a escolher, e cada um tem suas vantagens e desvantagens, conforme se vê na sequência, e fundamentalmente, todos partem de erros individuais de previsão para cada período t.

5.5.1 Erros Individuais de Previsão

5.5.1.1 Erro Simples Individual de Previsão

Um *Erro Simples de Previsão*, é a diferença entre o Valor Real de Y e seu valor Previsto. É um erro individual de previsão para cada período t previsto ($t = 1, 2, \ldots, n$), conforme a expressão 5.19:

$$e_t = Y_t - F_t, \tag{5.19}$$

onde:

e_t = erro no período t;
y_t = demanda real no período t;
F_t = demanda prevista para o período t.

A partir de e_t, tem-se várias outras medidas.

5.5.1.2 Erro Absoluto (em Módulo)

Este indicador mede a diferença entre Valor Real de Y e seu valor Previsto em valor absoluto, e, portanto, não sofre impacto do sinal do erro, mas depende da escala de medida

$$e_t = |Y_t - F_t|. \tag{5.20}$$

5.5.1.3 Erro Percentual

Este indicador é apresentado em 5.21, e mede a diferença entre Valor Real de Y e seu Valor Previsto em termos percentuais, sofrendo impacto do sinal do erro, mas independe de escala de medida

$$e_t = \frac{(Y_t - F_t)}{Y_t}. \tag{5.21}$$

5.5.1.4 Erro Percentual (em Módulo)

Este indicador mede a diferença entre o Valor Real de Y e seu Valor Previsto em termos percentuais, considerando o resultado em módulo. Portanto, não sofre impacto do sinal do erro e independe de escala de medida (vide 5.22):

$$e_t = \frac{(|Y_t - F_t|)}{Y_t}. \tag{5.22}$$

5.5.1.5 Erro Quadrático

Este indicador, apresentado em 5.23, mede a diferença entre o Valor Real de Y e seu Valor Previsto, considerando a diferença ao quadrado. Assim, não sofre impacto do sinal do erro e erros maiores têm maior peso. É um dos indicadores mais utilizados, em face dessas duas características.

Ao se usar este indicador deve-se lembrar que as diferenças foram todas elevadas ao quadrado. Assim, o valor final passa a se situar em um patamar de valores bem diferente dos valores observados na série histórica original da variável Y,

$$e_t = (Y_t - F_t)^2. \tag{5.23}$$

Todas essas medidas são métricas de erros individuais, mas há outros tipos de medidas que se referem a métricas globais do conjunto de erros, que são apresentadas nas próximas subseções.

Até aqui foram vistas diferentes medidas de erros individuais. Agora serão apresentadas algumas métricas globais dos erros de um conjunto de n períodos de previsão

5.5.2 Desvio Padrão dos Erros de Previsão

Esta é uma medida muito útil para avaliação do conjunto dos erros, considerando todos os períodos previstos, pois permite que se conheça o nível de variação dos erros de previsão em relação ao erro médio. Essa variação pode ser calculada por meio do desvio padrão desses erros, conforme apresentado em 5.24:

$$S = \sqrt{\frac{\sum_{t=1}^{n} (e_t - \overline{e})}{n-1}}, \tag{5.24}$$

onde:

S = desvio-padrão dos erros de previsão de n períodos;
e_t = erro de previsão no período t;
$\overline{e}$ = média dos erros de previsão dos *n períodos*;
n = número de períodos de previsão.

Esta é uma métrica baseada em variações dos erros, mas há outros indicadores globais de erro, baseados em erros médios, que são apresentados na sequência.

5.5.3 Erros Baseados em Médias

Neste caso, são indicadores que expressam valores médios dos erros de previsão sob diferentes ângulos.

5.5.3.1 Erro Médio ou Viés (*ME ou BIAS- Mean Error ou Bias*)

Esta métrica de erro (5.25) considera uma média simples de todos os erros de previsão calculados. Note-se que os erros de cada previsão podem positivos ou negativos e, portanto, podem se anular, distorcendo o resultado da média para fins de avaliação do nível médio dos erros.

$$ME = \frac{1}{n}\sum_{t=1}^{n}(Y_t - F_t). \tag{5.25}$$

5.5.3.2 Erro Médio Absoluto (*MAE ou MAD – Mean Absolute Error ou Mean Absolute Deviation*)

Neste caso, tem-se a média dos erros absolutos (em **módulo**), conforme apresentado em 5.26. Assim, não sofre influência de valores negativos ou positivos, mas depende da escala de medida

$$MAE = \frac{1}{n}\sum_{t=1}^{n}|Y_t - F_t|. \tag{5.26}$$

Na sequência são apresentados Indicadores de Erro baseados em Médias Percentuais

5.5.3.3 Erro Médio Percentual *(MPE – Mean Percentage Error)*

Este indicador, apresentado em 5.27, independe de escala. É uma taxa de erro %. Mas, pode ter percentuais positivos e negativos, que podem se anular

$$MPE = \frac{1}{n}\sum_{t=1}^{n}\left(\frac{(Y_t - F_t)}{Y_t}\cdot 100\right). \tag{5.27}$$

5.5.3.4 Erro Médio Percentual Absoluto (*MAPE – Mean Absolute Percentage Error*)

Este indicador, apresentado em 5.28, corresponde a uma taxa de erro absoluto em %. Representa a média dos erros absolutos em %, e, portanto, independe de escala.

$$MAPE = \frac{1}{n}\sum_{t=1}^{n}\left(\frac{|Y_t - F_t|}{Y_t}\cdot 100\right). \tag{5.28}$$

Na sequência são apresentados Indicadores de Erro Quadráticos

5.5.3.5 Erro Médio Quadrático (*MSE – mean square error*)

Neste indicador (expressão 5.29) consideram-se os erros ao quadrado, eliminando-se a influência dos sinais.

Outro aspecto importante, é que os erros maiores passam a ter um peso maior, pois cada erro é multiplicado por ele mesmo (erro ao quadrado). Assim, cada erro passa ser uma ponderação dele mesmo, uma auto ponderação. Outro aspecto é que a magnitude da soma dos erros toma uma dimensão muito diferente do que aquela da escala original de valores, já que cada erro é elevado ao quadrado,

$$MSE = \frac{1}{n}\sum_{t=1}^{n}(Y_t - F_t)^2. \tag{5.29}$$

5.5.3.6 Raiz do Erro Quadrado Médio (*RMSE – root mean square error*)

Este indicador (expressão 5.30) se trata, simplesmente, da raiz quadrada do Erro Médio Quadrático (MSE). Este erro reduz assim, a magnitude do erro quadrático, voltando ao patamar original da escala dos valores da série histórica de valores observados.

$$\mathrm{RMSE} = \sqrt{\frac{1}{n}\sum_{t=1}^{n}(Y_t - F_t)^2}. \tag{5.30}$$

5.5.4 R Quadrado (*R^2– square R*)

Este indicador mede a proporção da variação de uma variável que é explicada (impactada) por outra. Assim, pode medir, por exemplo, o grau da relação entre o valor real de Y e seu valor Previsto, considerando todos os n períodos de previsão.

Este indicador é basicamente o mesmo utilizado em Análise de Regressão (vide expressão 4.4), que é apresentado aqui, em 5.31, de forma mais direta e com a notação de séries temporais:

$$R^2 = \frac{\sum_{t=1}^{n}(F_t - \overline{Y})^2}{\sum_{t=1}^{n}(Y_t - \overline{Y})^2}. \tag{5.31}$$

5.6 Intervalos de Confiança das Previsões

Neste caso, tem-se dois tipos de intervalos de confiança (IC): o estático e o dinâmico. Antes da definição dos ICs, entretanto, serão discutidos alguns pontos que são necessários para a sua construção.

Inicialmente será visto o erro estatístico das previsões individuais (ε_E), que é uma estimativa do erro de cada previsão individual, e corresponde ao Componente Aleatório do modelo de previsão, que se supõe segue uma distribuição Normal.

5.6.1 Hipótese de Normalidade do Erro

Trabalha-se com a hipótese de que a distribuição dos erros de previsão segue uma Distribuição Normal, com média o e desvio padrão σ, que pode ser estimado pelo desvio padrão da amostra de dados que se tem em mãos: $\varepsilon_E \sim N(0, \sigma)$.

Em termos de nível de confiança dessas estimativas, costuma-se trabalhar com 95% de confiança. *Assim, da Tabela da Distribuição Normal Padronizada,* $N(0, 1)$, *tem-se para um Nível de Confiança de 95%:*

$$Z_{5\%} = 1,96.$$

O cálculo de ε_E é feito por meio de 5.32:

$$\varepsilon_E = Z_a \cdot S_E, \tag{5.32}$$

onde:

$Z_\alpha =$ Erro Normalizado (coeficiente estatístico da Distribuição Normal, obtido na Tabela da Normal);

$\alpha =$ Nível de Confiança desejado;

$S_E =$ erro padrão de previsão (*standard error*).

A figura 5.13 mostra graficamente a interpretação de S_E para um nível de confiança de 95%:

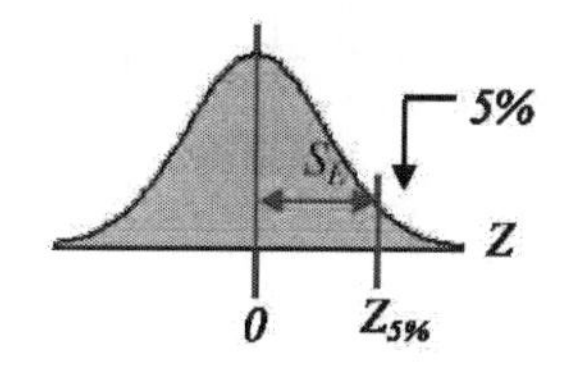

Figura 5.13 — Curva Normal com S_E ao nível de confiança de 95%.

5.6.2 Erro Padrão de Previsão

O Erro Padrão de Previsão (S_E) pode ser calculado por meio de 5.33:

$$S_E = \sqrt{\frac{\sum_{t=1}^{n} (Y_t - F_t)^2}{n-1}}, \tag{5.33}$$

onde:

S_E = erro padrão de previsão (*standard error*);
Y_t = demanda real no período t;
F_t = previsão para o período t ($t = 1, 2, \ldots, n$);
n = número de períodos de previsão.

Uma fórmula computacional alternativa para S_E é apresentada em 5.34:

$$\boxed{S_E = \frac{1}{n}\sum_{t=1}^{n} (Y_t - F_t)^2 - \left(\frac{1}{n}\sum_{t=1}^{n} (Y_t - F_t)\right)^2.} \tag{5.34}$$

5.6.3 Intervalos de Confiança Estáticos das Previsões

Um IC para uma previsão é definido somando-se e subtraindo-se o erro de previsão (ε_E) à cada previsão. Trata-se assim, de uma *margem de erro* para a previsão, dentro de um dado Nível de Confiança.

A previsão Final com margem de erro IC para a previsão, é dada por 5.35:

$$IC = F_t \pm \varepsilon_E. \tag{5.35}$$

Expandindo-se esta formulação, pode-se chegar à expressão 5.36 para IC:

$$IC = F_t \pm Z_\alpha \cdot S_E. \tag{5.36}$$

A expressão 5.36 mostra que o IC será diretamente proporcional à Z_α e à S_E. O coeficiente Z_α expressa o comportamento da distribuição Normal, de forma que quanto maior o nível de confiança desejado, maior será Z_α e, portanto, maior será a amplitude de IC (maior a incerteza). Situação similar se dá com S_E. O desvio S_E representa a variação dos erros, e quanto maior essa variação, maior será S_E e, consequentemente, maior será a amplitude de IC (maior a incerteza).

Note-se que IC determinado por 5.36 representa um IC estático, que não varia com o tempo (o período de previsão). Mas, o que ocorre é quanto mais distante o período de previsão, maior será a incerteza, e esse IC, deveria refletir tais incertezas.

Neste caso, considerando-se que as previsões estão sendo feitas a partir de um dado período T (fevereiro, por exemplo), imagina-se que todas as previsões para qualquer período $T + h$ futuro, terão o mesmo IC (março a dezembro, por exemplo), o que não é razoável que se espere. A medida que h cresce ($h = 1, 2, 3, \ldots$) a incerteza deve crescer também.

Assim, apresenta-se a seguir procedimentos para se incorporar a IC o fator tempo (período da previsão).

5.6.4 Intervalos de Confiança Dinâmicos das Previsões

Há uma dinâmica no comportamento dos ICs, que evoluem conforme avançam os períodos de previsão.

Para um dado período T, à medida que o horizonte $(T+h)$ de previsão se alonga, tem-se uma tendência de crescimento de IC. Esse intervalo, portanto, não é fixo ao longo do tempo. Esse crescimento ocorre porque se tem um aumento de S_E e, portanto, IC cresce junto. Em geral, S_{Eh} (S_E para o período $T + h$) vai aumentar proporcionalmente à h.

Assim, o que ocorre é que quanto mais longo o horizonte de previsão (mais à frente), mais incerteza se tem associada àquela previsão e, portanto, mais amplos deverão ser os IC's das previsões.

Deve-se ter, portanto, um procedimento para se estimar essa variação de S_{Eh} associada ao período $T + h$ de previsão. E para isto, têm-se diferentes critérios para a estimação de S_{Eh} para cada período h, de previsão. Na sequência, são apresentadas três formulações para essa estimativa.

5.6.4.1 Modelo "Ingênuo" *(Naive Forecasts)*

Este modelo, apresentado em 5.37, apesar de simples, funciona bem para muitas séries temporais econômicas e financeiras (Hyndman e Athanasopoulos, 2021)

$$S_{Eh} = S_E\sqrt{h}, \tag{5.37}$$

onde:

S_{Eh} = Erro Padrão de Previsão no Período $T + h$;

T = período final da série temporal, usada para gerar as previsões.

5.6.4.2 Modelo "Ingênuo" com Sazonalidade *(Seazonal Naive Forecasts)*

Neste caso, o modelo apresentado em 5.38, está incorporando o fator sazonal à variação de IC ao longo do tempo. O fator K de 5.38, representa o horizonte h, como uma proporção do período de sazonalidade, p. Note que para um período de sazonalidade muito curto, S_{EhS}, tende a S_{Eh}. Com $p = 1$, os dois se igualam.

$$S_{EhS} = S_E\sqrt{k+1},$$

onde:

S_{EhS} = Erro padrão de previsão ajustado pelo horizonte de tempo e pela sazonalidade;

k = parte inteira de $\frac{h-1}{p}$;

p = período de sazonalidade.

5.6.4.3 Modelo de Previsões à Deriva *(Drift Forecasts)*

Uma variante do método ingênuo é a consideração de que as previsões podem aumentar ou diminuir ao longo do tempo, como se estivessem à deriva (*drift*). Neste caso, o desvio padrão do erro para o período $T + h$, pode ser estimado por 5.39.

Note-se que à medida que a relação h/T se reduz, S_{EhD} tende pra S_{Eh}. Para h/T tendendo a zero, os dois ficam praticamente iguais.

$$S_{EhD} = S_E \sqrt{h\left(1 + \frac{h}{T}\right)}, \tag{5.39}$$

onde:

S_{EhD} = Erro padrão de previsão ajustado pelo horizonte de tempo e pelo nível de instabilidade (*drift*) das previsões.

Exemplo 5.5: Cálculo de ICs. A figura 5.14 mostra um comportamento típico do aumento da amplitude de IC, utilizando-se o método ingênuo, a medida que o período da previsão se afasta do período T, de início dessas previsões. Estes ICs foram computados para as previsões do Exemplo 5.3, com ajuste sazonal, usando-se as expressões 5.36 e 5.37, para um nível de confiança de 95%, e tendo sido considerado que já se conhecia as demandas reais para os períodos 13 a 16 de previsões. Apresenta-se na tabela 5.5 os cálculos dos ICs:

Tabela 5.5 — Cálculos de ICs – Exemplo 5.5.

	Ano 2			
	t=13	**t=14**	**t=15**	**t=16**
SÉRIES	**Mês 1**	**Mês 2**	**Mês 3**	**Mês 4**
Demanda Real	164,0	244,0	141,0	240,0
Previsão	152,8	254,0	131,8	234,8
ERRO	**11,2**	**-10,0**	**9,2**	**5,2**
h (horizonte de Previsão)	1	2	3	4
Raiz(h)	1,0	1,41	1,73	2,00
ε.Raiz(h)	**20,8**	**29,4**	**36,0**	**41,6**
ICs	**152,8 ± 20,8**	**254,0 ± 29,4**	**131,8 ± 36,0**	**234,8 ± 41,6**

SE	**Z**	**ε**
10,6	**1,96**	**20,8**

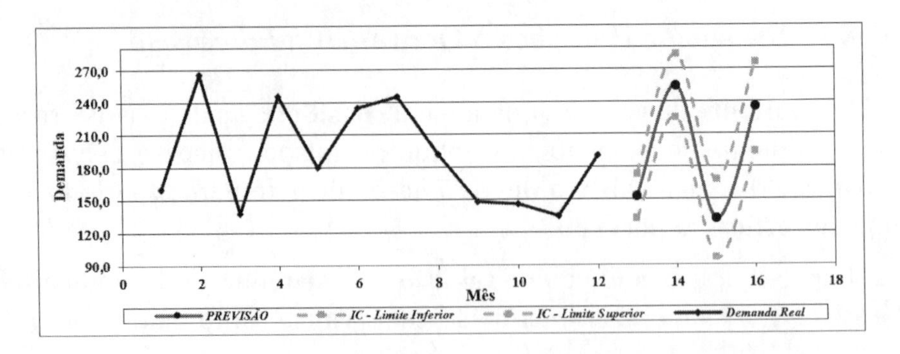

Figura 5.14 — Série histórica e evolução dos IC's de previsões.

5.7 Modelos Estocásticos: Classe ARIMA

Esta seção apresenta uma breve introdução a uma classe mais sofisticada de modelos probabilísticos de séries temporais, que são os modelos baseados em processos estocásticos. Um estudo mais aprofundado desses modelos está além do escopo deste livro, assim aqui apresenta-se apenas uma breve síntese conceitual.

Um processo estocástico (PE) é um fenômeno estatístico que se diferencia da teoria de probabilidades usual em que as probabilidades não se alteram com o tempo. O PE é exatamente o contrário. As probabilidades se alteram com o passar do tempo.

Em um PE há uma alteração na distribuição das probabilidades da variável a cada momento no tempo. Com isto, não se tem apenas uma única variável aleatória em estudo, mas um conjunto de variáveis aleatórias uma variável aleatória distinta para cada momento no tempo. Isto, apesar de se tratar do mesmo fenômeno. O que se tem é uma coleção de variáveis aleatórias, com todas essas variáveis se referindo ao mesmo fenômeno.

Há muitos exemplos de PE's, como: o tamanho de uma fila; o valor de uma ação; a demanda de uma loja; a temperatura de uma sala, etc. Note o caso de uma ação, a probabilidade de que o seu preço seja, $30,00 em um dia, não é a mesma probabilidade no dia seguinte, e no próximo, e no próximo. Essa probabilidade vai se alterando ao longo do tempo. Isso é um PE típico.

Matematicamente, um PE é definido como uma **coleção de variáveis aleatórias** Y_t, onde t pertence a um conjunto T de pontos no tempo em que o processo é observado. O conjunto T, de pontos no tempo, pode ser um conjunto discreto ($t = 0, \pm 1, \pm 2, \ldots$) ou contínuo ($-\infty < t < +\infty$). Em um PE, *a cada momento* t *tem-se um único valor observado da variável aleatória*, e esses valores evoluem no tempo segundo leis probabilísticas.

Assim, aqui se tem uma diferença importante em relação à Inferência Estatística, podendo-se estabelecer a seguinte comparação: na **Inferência Estatística**, procura-se determinar propriedades de uma população por meio de uma amostra de observações dessa população; já nas **Séries Temporais**, tem-se apenas uma única observação de uma variável aleatória Y_t em cada tempo t. Considerando-se toda a série, pode-se pensar na série de tempo como "um único exemplar" de um *conjunto infinito de séries que poderiam ocorrer.* Cada membro deste conjunto costuma ser chamado de "realização".

Chatfield (2003) coloca que "*o estudo de séries temporais é essencialmente a determinação das propriedades de um modelo probabilístico que tenha gerado a série observada*".

Os modelos estocásticos de séries temporais englobam uma classe muito importante de modelos que é a classe ARIMA – *Autoregressive Integrated Moving Average*. Aqui são apresentados os principais modelos dessa classe.

5.7.1 Processo Autoregressivo

Neste modelo, o valor Y_t da série em um dado tempo t, é expresso como uma combinação linear de seus valores passados. É assim, uma regressão da variável Y, no tempo t, com ela mesma. É uma autoregressão múltipla, em que as variáveis explicativas do modelo de regressão serão os valores anteriores ($Y_{t-1}, Y_{t-2}, \ldots, Y_{t-p}$) da própria série Y. Daí o termo "autorregressão" ou "autorregressivo".

O número de valores anteriores usados para prever Y_t é denominado **ordem** do modelo, e geralmente, é representado por p.

A notação para um modelo autorregressivo de ordem p é `AR(p)`, o qual seria referente à combinação linear dos valores de p períodos anteriores da série, conforme 5.40:

$$Y_t = \phi_1 \cdot Y_{t-1} + \phi_2 \cdot Y_{t-2} + \cdots + \phi_p \cdot Y_{t-p} + \varepsilon_t. \quad (5.40)$$

O termo ε_t, que em uma regressão corresponderia ao erro, é um processo puramente aleatório (chamado de Ruído Branco ou *white noise*), com média $= 0$, variância $= \sigma^2$ (constante), e onde todos os valores são não correlacionados (correlação nula).

5.7.2 Processo de Média Móvel

Outro tipo de modelo muito comum para séries estacionárias é o processo de médias móveis (*Moving Average Process – MA*).

Saliente-se, entretanto, que este processo não tem relação com o filtro linear de médias móveis, para alisamento de uma série temporal, visto na seção 4.1.

Apesar do nome, aqui a ideia é que uma série temporal possa ser modelada como uma combinação linear de um processo puramente aleatório (ruído branco) com média $= 0$ e variância $= \sigma^2$, conforme a expressão 5.41:

$$Y_t = a_t + \theta_1 \cdot a_{t-1} + \theta_2 \cdot a_{t-2} + \cdots + \theta_q \cdot a_{t-q}, \quad (5.41)$$

onde: $a_t =$ ruído branco.

Note-se que aqui se tem um modelo bem diferente daquele usado como um filtro de alisamento da série, visto na seção 5.4.1.

A notação para um modelo de médias móveis é `MA(q)`, em que q se refere à ordem do modelo, e corresponde à combinação linear de q elementos de um processo puramente aleatório (ruído branco).

5.7.3 Processos Mistos: Autorregressivos – Médias Móveis

Uma generalização natural dos modelos AR e MA são os modelos mistos. Box e Jenkins (2016), já em sua edição de 1970, propuseram o uso conjunto de modelos AR e MA, tendo sido denominado de modelo `ARMA`.

Um modelo ARMA teria ordens p e q, correspondendo às ordens dos processos de AR e MA respectivamente. Em que p se refere à combinação linear de p valores de períodos anteriores da série. E q se refere à combinação linear de q elementos de um processo puramente aleatório (ruído branco).

Assim a sua notação ficou sendo `ARMA(p,q)`.

O modelo `ARMA(p,q)` é representado então, conforme a expressão 5.42:

$$\begin{aligned} Y_t = \phi_1 \cdot Y_{t-1} + \phi_2 \cdot Y_{t-2} + \cdots + \phi_p \cdot Y_{t-p} \\ + a_t + \theta_1 \cdot a_{t-1} + \theta_2 \cdot a_{t-2} + \cdots + \theta_q \cdot a_{t-q}. \end{aligned} \tag{5.42}$$

Muitas vezes é preciso diferenciar uma série para torná-la estacionária (média e variância estáveis), pois os modelos ARIMA se aplicam a séries estacionárias.

Computar as diferenças entre observações consecutivas de uma série temporal $(Y_t - Y_{t-1})$, é o processo que possibilita a transformação de séries não estacionárias em estacionárias, e esse processo é denominado de **diferenciação** da série.

A diferenciação pode estabilizar a média da série, removendo as mudanças de nível da série e, portanto, eliminando (ou reduzindo) a tendência e a sazonalidade.

Para se trabalhar com diferenciação de séries, costuma-se utilizar o chamado Operador Retardador (*Backshift Operator*), cuja notação é B (Box *et al.*, 2016).

O operador B seria:

$$BY_t = Y_{t-1}, \tag{5.43}$$

$$B(BY_t) = B^2 Y_t = Y_{t-2}. \tag{5.44}$$

De forma geral, tem-se:

$$B^m Y_t = Y_{t-m}. \tag{5.45}$$

Por exemplo, para dados mensais, tem-se:

$$B^{12}Y_t = Y_{t-12}.$$

O operador retardador facilita representar os processos de diferenciação das séries temporais.

A primeira diferença será $(1 - B)$, e para essas diferenças usa-se a notação ∇:

$$\nabla = (1 - B), \tag{5.46}$$

$$\nabla Y_t = (1 - B) Y_t. \tag{5.47}$$

Já a segunda diferença ficaria conforme abaixo:

$$(Y_t - Y_{t-1}) - (Y_{t-1} - Y_{t-2}) = Y_t - 2Y_{t-1} - Y_{t-2}$$
$$= 1 + 2B + B^2 = (1 + B)^2 = \nabla^2 Y_t. \tag{5.48}$$

A segunda diferença seria, portanto, $(1 - B)^2$, ou seja, $\nabla^2 Y_t$.

Generalizando-se, para um número de d diferenças, tem-se:

$$\nabla^d Y_t = (1 - B)^d Y_t. \tag{5.49}$$

Voltando-se à expressão 5.42, do modelo ARMA, pode-se passar os termos da parte autorregressiva para o lado esquerdo da equação, obtendo-se:

$$Y_t - \phi_1 \cdot Y_{t-1} - \phi_2 \cdot Y_{t-2} - \cdots - \phi_p \cdot Y_{t-p}$$
$$= a_t + \theta_1 \cdot a_{t-1} + \theta_2 \cdot a_{t-2} + \cdots + \theta_q \cdot a_{t-q}. \tag{5.50}$$

E agora, usando-se o operador retardador B, do lado esquerdo da equação, tem-se um polinômio em B, $\phi(B)$, que multiplica Y_t :

$$\phi(B) = 1 - \phi_1 \cdot B + \phi_2 \cdot B^2 + \cdots + \phi_p \cdot B^p. \tag{5.51}$$

E do lado direito da equação, tem-se outro polinômio em B, $\theta(B)$, que multiplica a_t :

$$\theta(B) = 1 + \theta_1 \cdot B + \theta_2 \cdot B^2 + \cdots + \theta_p \cdot B^p.$$

Sintetizando-se o modelo ARMA, chega-se a:

$$\phi(B) \cdot Y_t = \phi(B) \cdot a_t.$$

5.7.4 Modelos Integrados – ARIMA

Os modelos AR, MA e ARMA, consideram que a série Y_t, já é uma série estacionária. Sendo que eventualmente, Y_t pode ter sido submetida anteriormente, a um processo de diferenciação. Mas, esta diferenciação, mesmo que tenha ocorrido, não é apresentada de forma explícita nas equações dos modelos.

Se introduzirmos eventuais diferenciações de Y_t, já na equação do modelo ARMA, então tem-se um modelo processo de Média Móvel Integrada Autorregressiva, ou ARIMA (*Autoregressive Integrated Moving Average*).

O ARIMA, portanto, é um modelo ARMA em que na parte autorregressiva do modelo, Y_t é substituído por $\nabla^d Y_t$.

Fazendo-se então, essa substituição na equação 5.53, do modelo ARMA, tem-se a equação para um modelo ARIMA, conforme 5.54:

$$\phi(B)\, \nabla^d Y_t = \theta(B) \cdot a_t. \tag{5.54}$$

Agora, expandindo-se os binômios dos lados esquerdo e direito da equação 5.54, chega-se a:

$$\begin{aligned} Y_t + \phi_1 \cdot B\nabla^d Y_t + \phi_2 \cdot B^2\nabla^d Y_t + \cdots + \phi_p \cdot B^p\nabla^d Y_t \\ = \theta_1 \cdot Ba_t + \theta_2 \cdot B^2 a_t + \cdots + \theta_q \cdot B^q a_t + a_t. \end{aligned} \tag{5.55}$$

A equação 5.54 apresenta o modelo ARIMA de forma sintética, e a equação 5.55 apresenta o mesmo modelo ARIMA em sua forma expandida.

A notação utilizada para esse modelo é `ARIMA(p,d,q)`, em que:

p = número de termos da parte autorregressiva do modelo;
d = número de diferenciações aplicado à série temporal;
q = número de termos da parte de média móvel do modelo.

Note que, substituindo-se B^pY_t por Y_{t-p}, tem-se:

$$Y_t + \phi_1 \cdot \nabla^d Y_{t-1} + \phi_2 \cdot \nabla^d Y_{t-2} + \cdots + \phi_p \cdot \nabla^d Y_{t-p} \\ = \theta_1 \cdot a_{t-1} + \theta_2 \cdot a_{t-2} + \cdots + \theta_q \cdot a_{t-q} + a_t. \quad (5.56)$$

Do lado esquerdo da equação tem-se um polinômio em B, $\phi(B)$, que multiplica Y_t :

$$\phi(B) = 1 - \phi_1 \cdot B + \phi_2 \cdot B^2 + \cdots + \phi_p \cdot B^p. \quad (5.57)$$

E do lado direito da equação, tem-se outro polinômio em B, $\theta(B)$, que multiplica a_t:

$$\theta(B) = 1 + \theta_1 \cdot B + \theta_2 \cdot B^2 + \cdots + \theta_q \cdot B^q. \quad (5.58)$$

Todos os modelos ARIMA têm valor esperado (valor médio) de Y_t igual a zero. Mas, tem-se muitas séries temporais com valor esperado diferente de zero. Assim, quando se tem uma série temporal com valor esperado diferente de zero, introduz-se uma constante θ_0, no modelo, cuja equação é apresentada em 5.59,

$$\theta(B)\nabla^d Y_t = \theta_0 + \theta(B) \cdot a_t. \quad (5.59)$$

Em princípio o número de diferenciações, d, a ser utilizada na série temporal, pode ser qualquer, mas na prática, d é geralmente 0, 1 ou no máximo 2, em que 0 corresponderia ao comportamento estacionário (Box *et al.*, 2016).

6

INTRODUÇÃO À ESTATÍSTICA NÃO PARAMÉTRICA

As técnicas discutidas nos capítulos anteriores, compõem a chamada Estatística Paramétrica. E assim se dá, porque boa parte dessas técnicas está focada em parâmetros, voltadas para a estimação de parâmetros e testes de hipóteses sobre eles.

As técnicas de Estatística Paramétrica têm um aspecto importante que é o fato de que partem de hipóteses que fundamentam o seu desenvolvimento e as tornam válidas. Sem a validação dessas hipóteses a aplicação das técnicas não deve trazer resultados em que se possa garantir uma confiabilidade adequada.

Essas premissas que fundamentam as técnicas paramétricas, geralmente especificam a forma das distribuições e estão voltadas em especial para dados em que a distribuição que está por trás, aquela que dá forma ao comportamento dos dados, é uma distribuição Normal.

Entretanto, na prática, nem sempre isso é verdade. Há uma quantidade considerável de dados observados no mundo real em que não é simples uma especificação da distribuição subjacente. E nesses casos, as hipóteses que fundamentam a Estatística Paramétrica não podem ser sustentadas.

Para lidar com esses tipos de dados, é necessário que se tenha estatísticas que não dependam da forma das distribuições (*distribution-free statistics*). E uma vez que não se especifique as características da distribuição, então, em geral, não há necessidade de se lidar com parâmetros.

E para isto é que surgiu e se desenvolveu outro lado da Estatística que é a Estatística não Paramétrica, que lida com a comparação de distribuições, ao invés de parâmetros.

Steel e Torrie (1980) elencam algumas vantagens da Estatística não Paramétrica, e também, algumas desvantagens.

Talvez a principal vantagem citada pelos autores, seja o fato de que a Estatística não Paramétrica pode ser aplicada a inúmeras distribuições, ou praticamente a todas, independentemente da sua forma ou natureza. E é indicada assim, principalmente, quando não se pode afirmar muita coisa sobre a natureza da distribuição que dá origem aos dados em estudo.

Outro aspecto é que muitas vezes, por uma série de razões, não se tem condições de estabelecer medidas apuradas de variáveis associadas a fenômenos que se tenha interesse, e sem essas medidas fica difícil o uso das técnicas vistas até aqui. Mas, com Estatística não Paramétrica isto pode não ser um problema, pois com os procedimentos de Estatística não Paramétrica seria suficiente categorizar esses dados para que se possa desenvolver uma análise consistente.

Um aspecto que se deve considerar também, é a questão das variâncias. A estatística paramétrica lida bastante com variâncias, que supõe que sejam constantes. Mas, na prática nem sempre isso ocorre. As variâncias podem ser heterogêneas em várias situações, violando assim suposições usuais para, por exemplo, uma análise de variância. Nesses casos, pode-se trabalhar com classificações dos dados em categorias, e a Estatística não Paramétrica tem procedimentos disponíveis para tratar desses casos.

Outra vantagem da Estatística não Paramétrica, é que esta trabalha frequentemente com procedimentos baseados em contagens ou classificações ou mesmo sinais (positivo ou negativo), que permitem diferentes tipos de análises e comparações. Esses tipos de procedimentos por sua própria natureza, são mais simples em sua aplicação e muitas vezes mais rápidos.

Por outro lado, quando se tem conhecimento da forma da distribuição subjacente aos dados, então os procedimentos paramétricos são melhores, pois os não paramétricos extraem menos informações do que as disponíveis nos dados. Em particular, quando uma hipótese nula é falsa, então tem-se um problema com procedimentos não paramétricos, que é a detecção de diferenças entre médias. Neste caso, os procedimentos clássicos são melhores, desde que as suposições sobre as distribuições sejam válidas.

De forma geral, a eficiência de procedimentos não paramétricos em relação aos paramétricos é bastante alta para amostras pequenas, algo como $n \leq 10$, e diminui à medida que n aumenta.

Sobre as ferramentas disponíveis de Estatística Não Paramétrica, estas se subdividem em alguns grupos, que estão relacionados na tabela 6.1.

As próximas seções são dedicadas a essas ferramentas, apresentando testes estatísticos para cada um desses tipos de situações.

Tabela 6.1 — Tipos de Ferramentas de Estatística Não Paramétrica.

Abrangência	**Condição das Amostra**	**Objetivo**
Uma amostra		Verificar uma hipótese sobre uma variável
Duas amostras	Relacionadas	Verificar diferenças entre tratamentos
	Independentes	Verificar diferenças entre tratamentos com amostras independentes
K amostras	Relacionadas	Verificar diferenças entre k amostras
	Independentes	Verificar diferenças entre k amostras independentes
Correlação		Medir correlação entre variáveis

6.1 Testes para uma Amostra

Os testes para uma amostra verificam se uma dada amostra é proveniente de uma população especificada (ou esperada). Nesse sentido, o que se verifica é se o ajuste de dados observados a uma dada distribuição teórica de probabilidades foi adequado (*lack of it*). São chamados de testes de aderência (*goodness of fit*). E para isto, avalia-se se as frequências observadas de diferentes categorias (ou classes de valores) correspondem às frequências esperadas segundo a distribuição ajustada aos dados.

Desses testes, serão vistos dois tipos:

- Teste χ^2 de Aderência;
- Teste de Aderência de Kolmogorov-Smirnov.

O teste χ^2, em particular, é amplamente empregado, e não só para casos de uma amostra. Pode-se ter três tipos de teste χ^2:

  - Teste de Aderência (para uma amostra);
  - Teste de Independência (para duas amostras);
  - Teste de Homogeneidade (para k amostras).

- Teste de Aderência: verifica se uma amostra é proveniente de uma suposta distribuição teórica de probabilidade (população);
- Teste de Independência: verifica se duas amostras são independentes;
- Teste de Homogeneidade: analisa se uma variável se distribui da mesma forma em diferentes populações de interesse.

Nesta seção será visto o primeiro caso, para uma amostra. Os outros testes serão vistos nas seções 6.2 e 6.3.

6.1.1 Teste χ^2 de Aderência

Para embasar o desenvolvimento deste teste, considere-se inicialmente a tabela 6.2, que apresenta a estrutura de uma tabela de frequências.

Tabela 6.2 — Estrutura de uma Tabela de Frequências.

Categoria (classe)	**Frequência Observada** (Empírica)	**Frequência Teórica** (Esperada)
c_1	O_1	E_1
c_2	O_2	E_2
⋮	⋮	⋮
c_k	O_k	E_k

onde:

$$c_i = \text{categoria } i \ (i = 1, 2, \ldots, k);$$
$$O_i = \text{frequência observada da categoria } i;$$
$$E_i = \text{frequência esperada (teórica) da categoria } i.$$

O teste χ_2 de Aderência, verifica se a frequência teórica (esperada) se ajusta de forma adequada aos dados observados.

A estatística χ^2_{calc} utilizada no teste é apresentada em 6.1:

$$\chi^2_{calc} = \sum_{i=1}^{n} \frac{(O_i - E_i)^2}{E_i}. \tag{6.1}$$

O teste de hipótese deste procedimento será composto conforme abaixo:

$$H_0 : p_1 = p_{1T}, p_2 = p_{2T}, \ldots, p_k = p_{kT} \quad \text{vs.} \quad H_a = \exists p_i \neq p_{iT},$$

onde: p_{iT} = probabilidade teórica de ocorrência da categoria i. Para H_0 verdadeira, a estatística χ^2_{calc} segue uma distribuição χ^2_{GL},

$$GL = \text{graus de liberdade} = k - 1.$$

Rejeita-se H_0, se:

$$\chi^2_{calc} > \chi^2_{\alpha,GL} \quad \text{ou} \quad P\left(\chi^2_{\alpha,GL} > \chi^2_{calc}\right) < \alpha,$$

onde: α = nível de significância do teste.

Exemplo 6.1: Sejam os dados de acidentes de trânsito em um cruzamento (tabela 6.3), durante 70 meses. A partir desses dados, deseja-se verificar se seguem uma distribuição Geométrica, com $p = 0,2$, cuja função massa de probabilidade é apresentada em 6.2.

$$P(X = j) = (1 - j)^j p, \quad j = 0, 1, \ldots, \tag{6.2}$$

sendo j = número "Falhas" até o sucesso e; p = probabilidade de falha.

Tabela 6.3 — Acidentes de Trânsito em um Cruzamento.

Mês	Acidentes	Mês	Acidentes
1	1	36	3
2	0	37	2
3	1	38	0
4	0	39	0
5	0	40	0
6	0	41	0
7	0	42	1
8	0	43	0
9	1	44	0
10	2	45	1
11	1	46	0
12	0	47	0
13	0	48	2
14	1	49	4
15	2	50	0
16	0	51	1
17	2	52	0
18	0	53	2
19	1	54	0
20	1	55	0
21	0	56	0
22	0	57	0
23	2	58	0
24	0	59	0
25	1	60	0
26	1	61	0
27	0	62	0
28	0	63	0
29	1	64	0
30	3	65	0
31	0	66	0
32	0	67	0
33	1	68	1
34	1	69	1
35	0	70	1

Por meio do R, pode-se desenvolver toda a análise, fazendo-se uso das instruções apresentadas no quadro 6.1.

Como o *p-value* do teste é maior que $0,05$, não se pode rejeitar H_0, e, portanto, pode-se admitir que a distribuição de acidentes segue uma distribuição geométrica.

Para cálculos manuais em que se precise de valores críticos de χ^2, no R, tem-se a função `qchisq()`, que fornece os valores de χ^2 para o nível α desejado.

Quadro 6.1 — Código em R – Teste de χ^2 de Aderência – Exemplo 6.1.

```
# DADOS Observados
setwd("........SEU CAMINHO PARA SUA PASTA DE TRABALHO")
Acidentes<- read.csv("HISTOGRAMA_Acidentes_R.csv", sep = ";",
        header = T)
str(Acidentes)

No_Acid <- Acidentes[,2]

Freq_Res <-table( cut(No_Acid, breaks=c(0,1,2,3,4,5), right=F))

A1 <- Freq_Res[1]
A2 <- Freq_Res[2]
A3 <- Freq_Res[3]
A4 <- Freq_Res[4]
A5 <- Freq_Res[5]

Oi <- c(A1/sum(Oi), A2/sum(Oi), A3/sum(Oi), A4/sum(Oi),
A5/sum(Oi))
sum(Oi)
Oi

# Tentar ajustasr Distribuição Geométrica aos Dados
Ei <- dgeom(1:5, prob=0.2)
# Ajuste para Soma de Probabilidade ser = 1
Ei_ajustado<- Ei/sum(Ei)
sum(Ei_ajustado)

chisq.test(Oi, p=Ei_ajustado)

# RESULTADOS - TESTE de QUI-QUADRADO
# Chi-squared test for given probabilities
#
# data:  Oi
# X-squared = 0.54758, df = 4, p-value = 0.9687
```

6.1.2 Teste de Aderência de Kolmogorov-Smirnov

Este teste tem o mesmo objetivo do teste visto na seção anterior. Supondo-se uma variável X, que se distribui segundo k categorias ou faixas de valores, o teste avalia se as frequências observadas das k categorias, correspondem aos valores esperados, que foram definidos segundo uma dada distribuição de probabilidades que se supõe que seja adequada para representar aqueles dados.

O teste de Kolmogorov-Smirnov (K–S) é embasado na estatística de Kolmogorov-Smirnov, que é apresentada na expressão 6.3:

$$D = \max \left| F_{Oi}(X) - F_{Ei}(X) \right|, \tag{6.3}$$

onde:

$$\begin{aligned} i &= 1, 2, \ldots, k; \\ k &= \text{número de categorias (ou classes de valores;} \\ F_{Oi}(X) &= \text{frequência acumulada observada da categoria } i; \\ F_{Ei}(X) &= \text{frequência acumulada esperada (teórica) da categoria } i; \\ D &= \text{máxima diferença absoluta } \left| F_{Oi}(X) - F_{Ei}(X) \right|. \end{aligned}$$

As hipóteses deste teste K–S, tem a mesma composição do teste χ^2 :

$$H_0 : p_1 = p_{1T}, p_2 = p_{2T}, \ldots, p_k = p_{kT} \quad vs. \quad H_a : \exists\, p_i \neq p_{iT},$$

onde p_{iT} = probabilidade teórica de ocorrência da categoria i.

Para H_0 verdadeira, a estatística D segue uma distribuição

$$GL = \text{graus de liberdade} = k - 1.$$

Rejeita-se H_0, se:

$$\chi^2_{calc} > \chi^2_{\alpha,GL} \quad \text{ou} \quad P\left(\chi^2_{\alpha,GL} > \chi^2_{calc}\right) < \alpha,$$

onde: α = nível de significância do teste.

Exemplo 6.2: Neste caso tem-se um conjunto de dados de registros de entrada de veículos em um shopping center, e deseja-se verificar se a distribuição dos tempos decorridos entre chegadas de veículos consecutivos, pode ser expressa por uma distribuição Exponencial, que particularmente, se ajusta bem a dados desse tipo, e cuja função densidade de probabilidade é apresentada abaixo:

$$f(x) = \mu \cdot e^{-\mu x}, \quad x \geq 0. \tag{6.4}$$

Para essa distribuição exponencial o seu parâmetro μ, representa uma taxa de chegadas, que é o inverso do tempo médio entre chegadas. Logo,

$$\mu = \frac{1}{E(X)},$$

já que a média dos tempos observados é o valor esperado $E(X)$. A média dos tempos entre chegadas, ou seu valor esperado $E(X)$, se situa em torno de 4,5min. Assim, tem-se:

$$\mu = \frac{1}{4,5} = 0,22 \text{ veíc/min.}$$

Assim a hipótese que se deseja testar, seria:

H_0 :T_{EC} segue uma distribuição Exponencial, com $\mu = \frac{1}{4,5} = 0,22$ veíc/min;
H_a :T_{EC} não segue uma distribuição Exponencial, com $\mu = 0,22$ veíc/min.

Os dados levantados para o desenvolvimento do teste, são apresentados na tabela 6.4. A análise desenvolvida em R é apresentada nos quadros 6.2a e 6.2b.

Tabela 6.4 — Tempos entre Chegadas de Veículos consecutivos (min).

Veículo	T_{EC}
1	2,98
2	6,51
3	7,32
4	1,20
5	0,10
6	0,73
7	0,95
8	0,51
9	1,46
10	3,35
11	3,68
12	7,20
13	5,77
14	2,01
15	13,22
16	2,11
17	4,68
18	18,92
19	7,29
20	4,53
21	4,20
22	5,82
23	8,29
24	3,76
25	2,63
26	3,09
27	6,63
28	7,00
29	1,31
30	0,21
31	0,84
32	1,07
33	0,63
34	1,57
35	3,46
36	1,00
37	7,31
38	4,00
39	2,12
40	13,33
41	2,23
42	2,00
43	19,03
44	7,40
45	1,10
46	4,31
47	2,00
48	3,00
49	3,87
50	2,75

Quadro 6.2a — Código em R – Teste de K–S de Aderência – Exemplo 6.2.

```
# Leitura de dados amostrais
setwd("...........Seu Caminho para Pasta de Trabaho.........")
DADOS_Tec <- read.csv("DADOS_ Chegadas_Expon.csv",
        header=TRUE,sep=";")

# Inspeciona Estrutura dos Dados Carregados para o R (metadados)
str(DADOS_Tec)

# Apresenta Metadados
# 'data.frame': 50 obs. of 2 variables:
# $ Veículo: int 1 2 3 4 5 6 7 8 9 10 ...
# $ Tec_Min: num 2.98 6.51 7.32 1.2 0.1 0.73 0.95 0.51 1.46 3.35
 ...
```

```
# Aplica Teste de Kolmogorov-Smirnov
mu <- 1/4.5
Teste_KS_Tec <- ks.test(DADOS_Tec, ... = "pexp", mu)
# "pexp"representa a distribuicao Exponencial
# mu = 1/E(Tec) = (1/4,5)
```

Quadro 6.2b — Código em R – Resultados do Teste de K–S – Exemplo 6.2.

```
# Imprime RESULTADOS - TESTE K-S
Teste_KS_Tec

# RESULTADOS - TESTE K-S
# Two-sample Kolmogorov-Smirnov test

data:  DADOS_Tec and 1/4.5
D = 0.98, p-value = 0.2976
alternative hypothesis:  two-sided
```

Como o *p-value* do teste é maior que $0,05$, não se pode rejeitar H_0, e, portanto, pode-se admitir que a distribuição de Tempos entre Chegadas de veículos nesse shopping center, segue uma distribuição Exponencial, com $\mu = 0,222$ veículos/min.

6.2 Testes para duas amostras

Neste caso, os testes estão voltados para duas amostras que foram submetidas a dois tratamentos distintos. Os testes verificam se há diferença nos resultados devido aos tratamentos.

Serão vistos dois testes desse tipo:

- Teste de Sinais;
- Teste de Postos com Sinais de Wilcoxon (*Wilcoxon Rank Sum e Signed Rank Tests*).

6.2.1 Teste de Sinais

Este teste é aplicado ao caso de duas amostras relacionadas em que se deseja determinar se suas condições são iguais (dois tratamentos, por exemplo). Caso sejam iguais, espera-se que tenham a mesma probabilidade.

O teste de sinais tem essa denominação pelo fato de se basear nos sinais das diferenças (positivo ou negativo) entre os pares de valores observados das duas amostras.

Caso as amostras não tenham diferenças, espera-se que se tenha o mesmo número de sinais positivos e negativos (metade para cada lado). A probabilidade assim, seria de 0,5 para cada tipo de sinal.

Esse comportamento é típico de uma distribuição Binomial, que é uma distribuição em que o resultado de um experimento só tem dois resultados possíveis. Um dos resultados tem probabilidade p de ocorrência e o outro, $1-p$. A Binomial é entendida, assim, como uma medida da probabilidade de Sucesso ou Falha.

Neste caso dos sinais, seriam dois resultados possíveis com a mesma probabilidade de ocorrência: $p = 1 - p = 0,5$.

Considerando-se duas condições ou dois tratamentos, A e B, o teste irá verificar se:

$$P(S_A > S_B) = P(S_A < S_B) = 0,5,$$

S_A = avaliação ou *score* sob a condição A;

S_B = avaliação ou *score* sob a condição B.

Se não há diferença entre as condições espera-se que a probabilidade acima seja satisfeita.

Fazendo-se as diferenças entre pares de avaliações $D = S_A - S_B$, espera-se que metade tenha sinal positivo e a outra metade negativo. Caso alguma diferença seja nula, é desprezada na análise.

Este procedimento é equivalente ao teste de hipótese abaixo:

$$H_0 : Md_D = 0 \quad \text{vs.} \quad Ha : Md_D \neq 0,$$

onde Md_D = mediana das diferenças, D.

Para H_0 verdadeira, S_D segue uma distribuição Binomial, com $p = 0,5$.

Usando-se no R a função `pbinom(q,N,p)`, obtêm-se o nível de significância, *p-value*, do teste para uma distribuição Binomial, que é comparado com α.

6.2.2 Teste de Postos com Sinais de Wilcoxon

Este teste é similar ao teste de sinais, só que neste caso, o teste de Wilcoxon, considera os sinais e o valor das diferenças D.

As diferenças absolutas |D|, são calculadas, e depois são ordenadas, em ordem decrescente. Assim, tem-se uma classificação ou um "posto" para cada D (um ranking)

Levanta-se os números de Postos com D negativas e positivas.

Tem-se

$$P_N = \text{no. de postos com } D < 0$$
$$P_P = \text{número de postos com } D > 0.$$

Se $P_P > P_N$:

$$\text{calcula-se } T = \text{ soma dos Postos com } D < 0.$$

Em caso contrário:

$$\text{calcula-se } T = \text{ soma dos Postos com } D > 0.$$

O valor de T é comparado com valor de T da tabela T de Wilcoxon, para o nível de confiança desejado para o teste.

A tabela T é encontrada na maioria dos livros de estatística não paramétrica

Mas, o teste pode ser facilmente executado no R por meio da função: `wilcox.test()`.

6.3 Testes para k amostras

Aqui, inicialmente é importante se compreender o que é uma Tabela de Contingência.

Tabelas de Contingência (vide tabela 6.5) apresentam contagens de observações de m categorias (classes) de uma variável aleatória categórica X, a partir de valores observados em amostras extraídas de p populações diferentes, com o objetivo de se desenvolver uma comparação entre essas populações.

Tabela 6.5 — Estrutura típica de uma Tabela de Contingência.

Populações	Categorias				
	1	2	.....	m	Total Linhas
1	O_{11}	O_{12}	.....	O_{1m}	Tot_{Pop1}
2	O_{21}	O_{22}	.....	O_{2m}	Tot_{Pop2}
. . . .	. . . .	. . . .	. . . .	. . . .	. . . .
k	O_{k1}	O_{k2}	.....	O_{km}	Tot_{PopK}
Total Colunas	Tot_{Cat1}	Tot_{Cat2}	.....	Tot_{Catm}	N

A contagem total de observações (N) será:

$$N = \sum_{i=1}^{m} \sum_{j=1}^{k} O_{ij}, \qquad (6.5)$$

onde:

m = número de categorias $(i = 1, 2, \ldots, m)$;
k = número de populações diferentes $(j = 1, 2, \ldots, k)$;

O_{ij} = contagem observada da categoria i, da amostra j.

Os testes de homogeneidade são voltados para o estudo de tabelas de Contingência. Se aplicam ao caso em que se espera que uma dada variável tenha o mesmo comportamento em diferentes populações de interesse, e o teste verifica, então, se isso realmente ocorre. Nesse sentido, o teste verifica se as frequências observadas para as diferentes classes da variável, correspondem às frequências esperadas teoricamente.

Serão apresentados nesta seção dois desses testes.

6.3.1 Teste χ^2 de Homogeneidade – k amostras

A estatística χ^2_{calc} utilizada no teste é apresentada em 6.6:

$$\chi^2_{calc} = \sum_{i=1}^{m} \sum_{j=1}^{k} \frac{(O_{ij} - E_{ij})^2}{E_{ij}}, \qquad (6.6)$$

onde:

E_{ij} = frequência esperada (teórica) da categoria i, da amostra j.

Nesse teste averiguamos se os k grupos provêm de populações com medianas iguais. O nível de mensuração deve ser, no mínimo, em escala ordinal.

O teste de hipótese será composto conforme abaixo:

$$H_0 : p_{1j} = p_{2j} = \cdots = p_{kj} = p_j, \forall j \quad vs. \quad H_a : \exists p_{ij} \neq p_j,$$

onde:

p_{ij} = probabilidade teórica de ocorrência da categoria i na população j.

Para H_0 verdadeira, a estatística χ^2_{calc} segue uma distribuição χ^2_{GL},

$$GL = \text{graus de liberdade} = (k-1)(m-1).$$

Rejeita-se H_0, se:

$$\chi^2_{calc} > \chi^2_{\alpha,GL} \quad \text{ou} \quad P\left(\chi^2_{\alpha,GL} > \chi^2_{calc}\right) < \alpha,$$

onde:

$$\alpha = \text{nível de significância do teste.}$$

Exemplo 6.3: Sejam as Vendas por Região de 4 vendedores de uma empresa.

Deseja-se saber se essas vendas são homogêneas entre as regiões.

Tabela 6.6 — Vendas (em R$ × 100.000).

Vendedor	N	S	L	O
1	4,0	10,	2,0	8,0
2	12,0	6,0	2,0	20,0
3	1,0	9,0	5,0	7,0
4	8,0	3,0	2,0	6,0

Por meio do R, pode-se desenvolver toda a análise, com as instruções apresentadas no quadro 6.3.

Quadro 6.3 — Código em R – Teste de χ^2 de Homogeneidade – Exemplo 6.3.

```
# Vendas Observadas por Vendedor por Região
V1=c(4.0,  12.0,  1.0,  8.0)
V2=c(10.0,  6.0,  9.0,  3.0)
V3=c(2.0,  2.0,  5.0,  2.0)
V4=c(8.0,  20.0,  7.0,  6.0)

VENDAS=rbind(V1,V2,V3,V4)
VENDAS

colnames(VENDAS)=c("Area1","Area2","Area3","Area4")
VENDAS

chisq.test(VENDAS)
```

```
# RESULTADOS - TESTE de QUI-QUADRADO
# Pearson's Chi-squared test
#
# data:  VENDAS
# X-squared = 20.239, df = 9, p-value = 0.01649
```

Como o *p-value* do teste é menor que $0,05$, pode-se rejeitar H_0, e, portanto, as vendas não são homogêneas entre as regiões.

6.3.2 Teste de Friedman

O teste de Friedman (*Friedman Rank Sum Test*) se aplica a diferentes amostras que sejam provenientes de um conjunto de grupos. Foi desenvolvido por Milton Friedman. Semelhante ao ANOVA, é utilizado para detectar diferenças nos tratamentos em vários experimentos de teste. O procedimento envolve a classificação de cada linha, então considerando os valores das colunas.

Cada grupo tem alguma característica distinta que pode caracterizá-lo como um "bloco" de um experimento.

O que se espera é que as observações dentro de cada bloco tenham comportamento similar, ou seja, que sejam provenientes da mesma população.

O teste utiliza a estatística χ^2 de Friedman (χ^2_{Fried}), conforme 6.7:

$$\chi^2_{Fried} = \frac{12}{bt\,(t+1)} \sum_{i=1}^{t} r_i^2 - 3b\,(t+1)\,, \qquad (6.7)$$

onde:

b = número de grupos (blocos);

t = número de tratamentos;

r_i = soma dos ranks do tratamento i.

A hipótese nula é que, dentro dos blocos (grupos) a população é a mesma, contra a hipótese alternativa de que ao menos um tratamento veio de uma população em que o parâmetro de localização da variável Y tem um valor diferente em uma direção.

As hipóteses do teste são:

H_0 :Os tratamentos impactam os resultados de forma similar;

H_a :Ao menos um resultado dos tratamentos difere dos demais.

Para H_0 verdadeira, a estatística de Friedman segue uma distribuição χ^2, com $GL = t - 1$.

O teste pode ser aplicado no R com a função "`friedman.test()`", cujos parâmetros são:

- valores observados (respostas);
- relação de tratamentos;
- relação de blocos.

Exemplo 6.4: Sejam as notas de alunos de uma mesma turma, de 4 disciplinas diferentes, apresentadas na tabela 6.7.

Tabela 6.7 — Notas de Alunos.

Aluno	Disciplina 1	Disciplina 2	Disciplina 3	Disciplina 4
1	4,0	2,0	2,0	4,0
2	4,0	2,0	3,0	3,0
3	4,0	2,0	3,0	3,0
4	4,0	2,0	3,0	3,0
5	10,0	4,0	10,0	4,0
6	9,0	4,0	8,0	4,0
7	9,0	4,0	7,0	3,0
8	9,0	4,0	7,0	3,0

Nesse caso, pode-se considerar as disciplinas como tratamentos e os alunos como blocos.

Por meio do R, pode-se desenvolver toda a análise, com as instruções apresentadas no quadro 6.4.

Quadro 6.4 — Código em R – Teste de Friedman – Exemplo 6.4.

```
# Dados Observados
Notas = c(4.0, 4.0, 4.0, 4.0, 10.0, 9.0, 9.0, 9.0, 2.0, 2.0,
2.0, 2.0 ,4.0,4.0, 4.0, 4.0, 2.0, 3.0, 3.0, 3.0, 10.0, 8.0, 7.0,
7.0, 4.0, 3.0,3.0, 3.0, 4.0, 4.0, 3.0, 3.0)

# Tratamentos (Disciplinas) e Blocos (Alunos)
Disciplinas = rep(c('Disc1','Disc2','Disc3','Disc4'),8)
Alunos = rep(c(1:8), each=4)

# Aplicação do Teste de Friedman
Teste_Friedman <- friedman.test(Notas, groups=Disciplinas,
blocks= Alunos)
Teste_Friedman

# RESULTADOS - TESTE de FRIEDMAN

#          Friedman rank sum test
#
# data:  Respostas, Tratamentos and Blocos
# Friedman chi-squared = 5.0571, df = 3, p-value = 0.1677
```

Como o *p-value* do teste é maior que $0,05$, não se tem evidências para rejeitar H_0, e portanto, não se pode afirmar que os tratamentos se comportam de forma similar. Há ao menos um tratamento que difere dos demais.

6.4 Métricas de Correlação

Nos estudos em diferentes áreas do conhecimento, muitas vezes deseja-se verificar se há correlação entre duas variáveis. Este pode ser, inclusive o objetivo principal de algumas investigações.

Em estatística paramétrica a métrica usual de correlação é o coeficiente de Pearson, que foi visto na seção 4.1, e que requer populações com distribuição Normal, além da necessidade de medidas precisas para as variáveis.

Esta seção irá tratar desse tema sob o ponto de vista não paramétrico, em que essas hipóteses e condições não são necessárias. Há medidas de correlação não paramétricas inclusive, para dados nominais e ordinais.

6.4.1 Coeficiente de Contingência

O coeficiente de contingência (C) mede o grau de associação entre dos conjuntos de atributos, e pode ser empregado para dados categóricos com escala nominal, para um dos conjuntos ou para ambos.

O coeficiente se baseia em uma tabela de contingência, conforme tabela 6.5, em que se tem duas categorias de dados com as respectivas frequências de ocorrência em cada uma das possibilidades de cruzamento dessas categorias. Na tabela 6.8, cada célula corresponde à frequência de ocorrência de duas categorias A e B que ocorreram em conjunto.

Tabela 6.8 — Tabela de Contingência para Duas Categorias A e B.

	Categorias A				
Categorias B	**A1**	**A2**	.....	**Am**	**Total Linhas**
B1	f_{11}	f_{12}	.....	f_{1m}	Tot_{CatB1}
B2	f_{21}	f_{22}	.....	f_{2m}	Tot_{CatB2}
.	.	.	.	.	.
.	.	.	.	.	.
.	.	.	.	.	.
.	.	.	.	.	.
Bk	f_{k1}	f_{k2}	.....	f_{km}	Tot_{CatBk}
Total Colunas	Tot_{CatA1}	Tot_{CatA2}	.....	Tot_{CatAm}	N

onde: f_{ij} = frequência de ocorrência das categorias i e j.

A partir dessa tabela, o coeficiente C é computado pela expressão 6.8:

$$C = \sqrt{\frac{\chi^2}{N + \chi^2}}, \tag{6.8}$$

onde:

χ^2 = estatística utilizada no teste χ^2, expressão 6.6, reproduzida abaixo:

$$\chi^2_{calc} = \sum_{i=1}^{m} \sum_{j=1}^{k} \frac{(O_{ij} - E_{ij})^2}{E_{ij}},$$

N = soma total das frequências.

6.4.2 Coeficiente de Correlação por Postos de Spearman

O coeficiente de correlação de postos de Spearman (ρ), é uma medida de correlação não-paramétrica que não requer a suposição de que a relação entre as variáveis é linear, nem exige que as variáveis sejam quantitativas; podendo ser empregado para variáveis categóricas ordinais.

Tem por base os postos (a classificação) de dois conjuntos de escores ou pontuação aplicados a dois conjuntos de dados. Em termos computacionais, parte da diferença (D) ao quadrado entre esses escores, de forma a eliminar a influência do sinal dessas diferenças:

$$D_i = (X_i - Y_i)^2, \quad (6.9)$$

onde:

X_i = escore i do primeiro conjunto X de dados;

Y_i = escore i do primeiro conjunto Y de dados.

A partir de 6.9, pode-se chegar à expressão final para cômputo de ρ, conforme 6.10:

$$\rho = \frac{6\sum_{i=1}^{N} D_i^2}{N^3 - N}, \quad (6.10)$$

onde:

N = tamanho da amostra.

REFERÊNCIAS

AGRESTI, A. (2007). An Introduction to Categorical Data Analysis. 2nd Edition, John Wiley & Sons, 373pp.

AKAIKE, H. 1973. Second International Symposium on Information Theory, chapter Information theory as an extension of the maximum likelihood principle, pages 267-281. Akadémiai Kiadó, Budapest, Hungary.

BALLOU, R.H. (2006). "Gerenciamento da cadeia de suprimentos/Logística empresarial", 5a ed., Bookman Editores. Porto Alegre, RS. 616 p.

BOX, G. E. P. and PIERCE, D. A. (1970), Distribution of residual correlations in autoregressive-integrated moving average time series models. Journal of the American Statistical Association, 65, 1509–1526. doi:10.2307/2284333.

BOX, G. E. P.; JENKINS, G. M.; REINSEL, G. C.; LJUNG, G. M. (2016). TIME SERIES ANALYSIS - Forecasting and Control. Fifth Edition. John Wiley & Sons. Hoboken, New Jersey. 669 p.

BUSSAB, W. O.; MORETTIN, P. A. Estatística básica. 8 ed. São Paulo: Saraiva, 2013.

CHATFIELD, C. (2003). The Analysis of Time Series: An Introduction. Sixth Edition. Chapman & Hall/CRC. 352 p.

COSTA NETO, P. L. O. Estatística. 2 ed. São Paulo: E. Blücher, 2011.

CHOPRA, S., MEINDL, P.(2003), "Gerenciamento da cadeia de suprimentos", Prentice Hall, São Paulo, SP.

DEVORE, J. L. Probabilidade e estatística para Engenharia e Ciências. São Paulo. CENGAGE Learning. 2011.

DOBSON, A. J., & BARNETT, A. (2018). An Introduction to Generalized Linear Models. 4th Edition. CRC Press, 376pp.

DUNN, P. K. e SMYTH, G. K. (2018). Generalized Linear Models with Examples in R. Springer Science, 562pp. https://doi.org/10.1007/978-1-4419-0118-7.

HYNDMAN, R.J., e ATHANASOPOULOS, G. (2021) Forecasting: principles and practice, 3rd edition, OTexts: Melbourne, Australia. https://otexts.com/fpp3/. Accesso em: <20/01/2022>.

KMENTA, J. (1997). Elements of Econometrics: 2nd Edition. University of Michigan Press; 800pp.

LJUNG, G. M. and BOX, G. E. P. (1978), On a measure of lack of fit in time series models. Biometrika, 65, 297–303. doi:10.2307/2335207.

LIAW, K. L.; KHOMIK, M.; ARAIN. M. A. (2021). Explaining the Shortcomings of Log-Transforming the Dependent Variable in Regression Models and Recommending a Better Alternative: Evidence From Soil CO2 Emission Studies. JGR Biogeosciences https://doi.org/10.1029/2021JG006238.

McCULLAGH, P. e NELDER, J. A. (1989). Generalized Linear Models. 2nd Edition. Chapman and Hall, 511pp.

MEYER, Paul L. Probabilidade: aplicações à estatística. 2ª ed. Rio de Janeiro: Livros Técnicos e Científicos, 1983 - Reimpressão: 2000. 426 p.

MONTGOMERY, D. C. Design and Analysis of Experiments. 8th Edition - John Wiley & Sons, 2013. 724 p.

MONTGOMERY, D. C.; RUNGER, G. C. Estatística Aplicada e Probabilidade para Engenheiros. 5 ed. Rio de Janeiro: Livros Técnicos e Científicos, 2013

MOORE, D. S.; NOTZ, W. I.; FLINGER, M. A. A Estatística Básica e sua Prática. 7 ed. Rio de Janeiro: LTC, 2017.

NELDER, J. A. e WEDDERBURN, R. W. M. (1972). Generalized Linear Models. Journal of the Royal Statistical Society. Series A (General), Vol. 135, No. 3 (1972), pp.370-384

STEEL, R.G.D. and TORRIE, J.H. (1980). Principles and procedures of statistics, a biometrical approach. 2nd Ed. McGraw Hill, Inc. Book Co., New York. 633pp.

STEEL, R.G.D., TORRIE, J.H. and DICKY, D.A. (1997) Principles and Procedures of Statistics, A Biometrical Approach. 3rd Ed., McGraw Hill, Inc. Book Co., New York

WONNACOTT, R. J. e WONNACOTT, T. H. (1978). Econometria. Livros Técnicos e Científicos, RJ, 424p.

YAGLOM,A.M. (1955). The correlation theory of processes whose nth difference constitute a stationary process, Mat. Sb., 37(79), 141

YULE, G. U. (1927). On a Method of Investigating Periodicities in Disturbed Series, with Special Reference to Wolfer's Sunspot Numbers. Philosophical Transactions of the Royal Society of London. Series A, Containing Papers of a Mathematical or Physical Character, Vol. 226 (1927), pp. 267-298. https://www.jstor.org/stable/91170.

Impresso na Prime Graph

em papel offset 75 g/m²

fonte utilizada venturis2

janeiro / 2024